综掘工作面泡沫除尘技术与应用研究

马有营　著

北　京

冶 金 工 业 出 版 社

2019

内 容 提 要

本书利用理论分析、数值模拟、实验测试、现场应用相结合的方法，围绕矿井泡沫除尘技术，分别介绍了发泡剂发泡效果影响因素，新型泡沫除尘剂研发，矿用发泡器及泡沫除尘剂添加系统研制，泡沫除尘系统不同工作参数条件下发泡效果变化规律，泡沫-粉尘颗粒耦合规律，综掘机截割区域粉尘浓度区间划分及覆盖所需泡沫量匹配等方面的研究成果，为泡沫除尘技术的应用提供依据。

本书可供相关领域的科研工作者和工程技术人员参考。

图书在版编目（CIP）数据

综掘工作面泡沫除尘技术与应用研究/马有营著.
—北京：冶金工业出版社，2019.4
ISBN 978-7-5024-8076-9

Ⅰ.①综…　Ⅱ.①马…　Ⅲ.①综合机械化掘进—掘进工作面—泡沫防尘—研究　Ⅳ.①TD263.3

中国版本图书馆 CIP 数据核字（2019）第 056960 号

出 版 人　谭学余
地　　址　北京市东城区嵩祝院北巷 39 号　邮编　100009　电话　（010）64027926
网　　址　www.cnmip.com.cn　电子信箱　yjcbs@cnmip.com.cn
责任编辑　宋　良　美术编辑　吕欣童　版式设计　孙跃红
责任校对　卿文春　责任印制　李玉山
ISBN 978-7-5024-8076-9
冶金工业出版社出版发行；各地新华书店经销；三河市双峰印刷装订有限公司印刷
2019 年 4 月第 1 版，2019 年 4 月第 1 次印刷
148mm×210mm；6.375 印张；189 千字；196 页
35.00 元
冶金工业出版社　投稿电话　（010）64027932　投稿信箱　tougao@cnmip.com.cn
冶金工业出版社营销中心　电话　（010）64044283　传真　（010）64027893
冶金工业出版社天猫旗舰店　yjgycbs.tmall.com
（本书如有印装质量问题，本社营销中心负责退换）

前　言

近年来，随着我国对煤炭需求的增大，不仅煤矿数量增多，巷道综掘技术也在迅猛发展，矿井生产自然灾害问题也愈发突出，尤其是粉尘危害，严重威胁着矿井的安全生产和矿工身心健康。据实测，综掘工作面的粉尘浓度高达 $5000mg/m^3$，而且呼吸性粉尘在煤尘中的浓度达到 30% 左右。无论是总尘浓度还是呼尘浓度均严重超标。高浓度粉尘不仅会引发尘肺病，还会引起爆炸，因此，矿井粉尘防治技术的发展显得尤为重要。泡沫除尘技术是一种新兴的降尘技术，降尘效率较普通水雾降尘更高，但目前泡沫降尘技术的发展仍不是很完善。本书通过理论分析、数值模拟、实验测试、现场应用相结合的方式，进行综掘工作面泡沫除尘技术与应用研究，为泡沫除尘系统的研发和泡沫除尘技术的应用提供指导，完善矿井泡沫除尘技术。

本书针对目前对发泡剂发泡能力影响因素不明确，导致发泡剂发泡能力改进困难的问题，通过发泡剂发泡能力测定实验、发泡剂分子碳链结构测定实验以及发泡剂溶液剪切黏度测定实验得出了发泡剂发泡能力与发泡剂分子碳链结构、发泡剂溶液剪切黏度之间的关系，进而形成了以发泡剂碳链结构和剪切黏度为指标的发泡剂发泡能力考察标准，为发泡剂单体优选及发泡剂改进提供了依据。根据此标准对实验用发泡剂单体进行了优选并通过正交实验得出了 6 种泡沫除尘剂配方。在此基础上，测定上述 6 种泡沫除尘剂对从褐煤到无烟煤的 10 种不同变质程度煤尘的润湿性，并根据其润湿性测定结果对其进行优选，保证得出的泡沫除尘剂对不同变质程度煤种润湿性均较佳；同时，对泡沫除尘剂毒性进行了鉴定，保证其对人体无害。

本书设计了一种用于煤矿的网式发泡器，并且以发泡量和发泡倍数为考察指标对设计的发泡器结构参数进行了优化，优化后的发泡器发泡倍数达到了 53.57 倍。为了保证泡沫除尘剂原液的连续自动添加，设计了一种利用电动计量泵进行添加的泡沫除尘剂添加装置，并结合矿井现场通过计算对泡沫除尘剂添加装置的基本参数进行了确定：电动计量泵添加出口压力为 0.5~5MPa，添加流量范围为 0~30L/h，泡沫除尘剂原液储液箱容积为 200L，从而形成了一整套由发泡器、电动计量泵、泡沫除尘剂溶液储液箱三部分构成的泡沫除尘系统。在此基础上，测定了泡沫除尘系统在不同工况时发泡参数（主要包括发泡量、发泡倍数、泡沫粒径）变化规律。通过泡沫-粉尘耦合实验，得出了泡沫颗粒粒径与其最佳捕获粉尘颗粒粒径之间的关系大致满足 $D_{泡沫} \approx 15D_{粉尘}$ 的函数关系，为泡沫除尘技术的应用提供了依据。

针对目前泡沫除尘技术在应用时发泡量和泡沫覆盖范围的选择缺乏依据，导致其应用成本较高、降尘效率低的问题。以蒋庄煤矿 $3_{下}1101$ 煤巷综掘工作面为例，对综掘机截割区域粉尘浓度分布情况进行了数值模拟，根据数值模拟结果得出了两个粉尘浓度最高且分布最集中的区间作为泡沫除尘重点覆盖区间，并分别定义为原始产尘区和粉尘扩散区。通过量取两个区间的坐标得出了两个区间的具体形状和尺寸，并在此基础上建立了不同粉尘浓度区间实体模型。通过实验的方法对覆盖上述不同粉尘浓度区间实体模型所需泡沫量和泡沫喷嘴最佳布置方式进行了实验研究，并通过现场应用对覆盖不同浓度区间降尘效果进行考察，综合其降尘效果和所需的泡沫量两个因素得出了泡沫最佳覆盖范围。通过计算得知，每月用于维持泡沫除尘系统所需泡沫除尘剂原液的费用仅为全矿原煤总产值的 0.03132%，应用成本较低。

　　本书在编写过程中得到了山东科技大学程卫民教授的悉心指导，刘伟韬教授、曹庆贵教授、辛嵩教授、王海亮教授等在本书研究内容方面都给予了不同程度的纠正和改进。此外，孙彪、王昊、于海明、杜文州、朱良、万纯新、张磊、文金浩、马骁等博士、硕士研究生在本书实验过程中现场操作和数据采集处理等方面都做了大量的工作。本书的编写和出版工作，还得到了国家自然科学基金项目"综掘工作面截割区域多级泡沫分区捕尘机理基础研究（编号：51804034）"和滨州学院的资助，在此一并表示感谢。

　　由于作者水平有限，书中若有不当之处，诚请读者批评指正。

马有营

2019. 1. 12

目　　录

1 绪 论

1.1 课题的提出

粉尘是可以长时间以浮游状态悬浮于空气中的一种微细固体颗粒，煤矿粉尘是矿井在生产作业过程中产生的各种岩矿微粒的总称。煤矿井下各个作业环节都会产生大量粉尘，其中以采掘工作面产尘量最大，占煤矿井下产尘总量的 85% 以上，严重影响煤矿井下安全生产和矿工的身心健康。据统计，在未实施任何防尘措施的情况下，综掘工作面总尘浓度高达 $2500mg/m^3$，综采工作面总尘浓度高达 $5000mg/m^3$，综放工作面总尘浓度高达 $8000mg/m^3$，掘进工作面最高粉尘浓度可达 $6000mg/m^3$，矿井粉尘会引发粉尘爆炸，此外，矿工长期处于高浓度粉尘环境中工作还会引发尘肺病。

据原国家安全生产监督管理总局统计[1]，2000～2016 年期间，全国共发生煤尘爆炸事故 15 起，致使 548 人遇难。2000 年 9 月 27 日，贵州水城矿务局木冲沟煤矿由于局扇无计划停电停风，引起特大恶性煤尘瓦斯爆炸事故，死亡 162 人；2001 年 12 月 27 日，山东新汶矿业集团汶南煤矿-650 水平后一上山采区东断层切眼掘进面发生一起煤尘爆炸事故，死亡 17 人，受伤 23 人；2002 年 3 月 26 日，四川达州市宣汉县楠木沟煤矿（乡镇）发生煤尘爆炸事故，死亡 3 人；2002 年 4 月 2 日，江西宜春市宜丰县新庄镇煤矿（乡镇）16 号煤巷因维修通风设备，引起瓦斯煤尘爆炸，死亡 16 人；2002 年 5 月 20 日，新疆昌吉州米泉市第二煤矿（国有地方）发生煤尘爆炸事故，9 人死亡，9 人重伤，5 人轻伤；2003 年 2 月 5 日，贵州遵义市仁怀县车田煤矿（乡镇）发生煤尘爆炸事故，死亡 3 人；2004 年 2 月 8 日，山东兖矿集团济三煤矿 4304 综放工作面发生煤尘爆炸事故，2 人死亡，16 人受伤；2005 年 11 月 27 日，黑龙江龙煤集团七台河分公司东风煤矿发生一起特大煤尘爆炸事故，171 人遇难；2006

年 2 月 23 日，山东枣庄矿业集团联创公司（原陶庄煤矿）-525 水平一回采面发生煤尘爆炸事故，18 人死亡，9 人轻伤；2006 年 10 月 28 日，新疆建设兵团农六师兴亚公司第一煤矿（国有地方）井下发生煤尘爆炸，14 人死亡；2007 年 4 月 16 日，河南平顶山市宝丰县王庄煤矿（私营）井下发生煤尘爆炸事故，31 人死亡；2008 年 6 月，山西孝义安信煤业有限公司发生煤尘爆炸事故，造成 34 人遇难；2010 年 12 月，河南义煤集团巨源煤矿发生煤尘爆炸事故，造成 26 人遇难；2012 年 9 月，江西萍乡高坑煤矿发生煤尘爆炸事故，造成 15 人遇难；2014 年 8 月，东方煤矿发生重大煤尘爆炸事故，造成 27 人遇难。

　　此外，尘肺病作为一类职业病，是一种"隐性"矿难和"隐形杀手"，较之瓦斯爆炸等"显性"矿难更具有杀伤力，它损害的群体更多、更广，潜在的危害性更重，破坏性更强。据统计，死于尘肺病的患者是矿难和其他工伤事故死亡人数的 6 倍之多[2~10]。例如：山西省累计查出煤矿尘肺病患者 3.6 万名，约占全省总人口的 1‰。据原卫计委的统计数据，到 2016 年末，全国煤矿（包括乡镇小煤矿、小煤窑）累计尘肺病患者达 70 余万人，接近我国各行业尘肺病人数的一半，尘肺患者累计死亡 18.6 万人。目前每年尘肺新发病人达 25000 人，死亡约 5600 人，而且尘肺病的发病情况仍呈逐年上升的趋势。据不完全统计，我国国有重点煤矿尘肺病患病率高达 10% 以上。数量众多的职业尘肺病患者，要花费大量的人力、物力、财力来进行治疗，不仅经济损失巨大，而且也给患者及家属带来了很大的痛苦。每年国家用于治疗尘肺病的医疗等费用就高达 50 亿元人民币。

　　由此可见，煤矿井下生产现场的高浓度粉尘，轻则降低矿工的劳动生产率，影响矿井的产量和效益；重则导致矿工患尘肺病长期不能治愈而死亡，或导致粉尘爆炸，甚至引发粉尘爆炸事故，造成重大人员伤亡和经济损失。因此，针对目前我国煤矿安全生产形势非常严峻的情况，控制尘肺病的发生和防止煤尘爆炸事故已成为煤炭行业头等重要的大事之一。所以，对综掘工作面泡沫除尘技术进行实验研究,不仅能大幅度降低综掘工作面空气中的粉尘浓度,而且对井下其他产尘作业点的防尘工作具有积极的借鉴作用,对于保障煤矿企业的安全生产、改善作业地点的工作环境、保护煤矿工人的身心健康具有重大的现实意义。

1.2 泡沫除尘技术的国内外研究现状

泡沫除尘是用无空隙泡沫体覆盖尘源,使刚产生的粉尘得以湿润、沉积,失去飞扬能力的除尘方法。泡沫除尘技术问世于 20 世纪 50 年代,英国最先开展了这方面的研究,继后美、苏、德、日等国陆续开展了这方面的工作,并取得了一定的效果。

1.2.1 泡沫除尘剂配方研究现状

目前,泡沫除尘剂配方研发方面的研究现状概括如下[11~20]。

中国矿业大学王德明、王和堂等人研发了一种用于降尘的复合型发泡剂,该复合型发泡剂由烷基多糖苷、脂肪醇聚氧乙烯醚、脂肪醇聚氧乙烯醚硫酸钠、2-乙基己基琥珀酸酯磺酸钠组成。该复合型发泡剂具有优良的耐酸碱能力和抗硬水性能,起泡能力强,产生的泡沫细腻丰富,气泡粒径小,稳定性适中,接尘面积大,黏附性和润湿性能好,可显著提高降尘效果,尤其是增强了对呼吸性粉尘的捕获能力。

北京科技大学蒋仲安研发了一种由 α-烯烃磺酸钠、脂肪醇聚氧乙烯醚硫酸钠、十二烷基二甲基甜菜碱和椰子油单乙醇酰胺等复配而来的用于露天矿潜孔钻除尘的泡沫抑尘剂,并对其与岩尘的润湿性进行了考察,经过现场应用显示,该泡沫除尘剂对总尘的降尘率达到了 87.8%,呼尘的降尘率达到了 80.7%,取得了良好的降尘效果。

安徽淮河化工股份有限公司发明了一种煤矿用泡沫除尘剂,主要成分为十二烷基硫酸钠、萘磺酸甲醛缩合物钠盐、烷基酚聚氧乙烯醚、α-烯烃磺酸盐、三聚磷酸钠、三乙醇胺和羧甲基纤维素钠。

中国矿业大学刘杰、杨胜强等人研发了一种由十二烷基硫酸钠、湿润剂、增泡剂、羟甲基纤维素钠等组成的泡沫除尘剂，并采用水膜浮选法考察了其对粉尘的润湿性，通过对不同质量浓度发泡剂的发泡能力进行测定显示当溶液的质量分数为 2.5% 时发泡倍数最高，发泡倍数可达到 71 倍。

河南理工大学鲁中良、刘宝毅等人选用十二烷基硫酸钠、十二烷基苯磺酸和羧甲基纤维素钠等作为实验用发泡剂单体，采用正交实验通过复配的方式研发了一种泡沫除尘剂，在现场应用后发现，巷道内总尘及呼吸性粉尘平均浓度分别降为 21.5mg/m³ 和 5.6mg/m³，除尘效率分别为 94.6% 与 90.1%。从除尘结果可知，泡沫除尘对总尘及呼吸性粉尘的除尘效率分别是喷雾降尘效率的 1.63 倍和 1.36 倍。

太原理工大学李军霞、王群星等人采用复配的方式研发了一种泡沫除尘剂，并对泡沫除尘剂与无烟煤煤尘的润湿性进行了测定，经现场应用，对工作面总尘的降尘效率为 70.51%，是喷雾降尘的 1.73 倍，对呼吸性粉尘的降尘效率为 54.65%，是喷雾降尘效率的 1.68 倍。

由此可以得出，目前所使用的发泡剂均为采用十二烷基硫酸钠、十二烷基苯磺酸钠、脂肪醇聚氧乙烯醚、甜菜碱以及烷基糖苷等阴离子或非离子表面活性剂复配而来，且均取得了比较好的发泡效果。但目前泡沫除尘剂配方研发过程中对其润湿性的研究较少，即使有对润湿性这一因素的考察，在选择煤种时也比较单一，没有考虑其对所有煤种的润湿性。除此之外，泡沫除尘剂作为一种化学品，其在使用过程中对人体的毒性研究也相对较少。

1.2.2 矿用泡沫除尘发泡器研究现状

通过查找文献可知[5,16,17]，目前国内外比较常用的发泡方式主要有涡轮式、网式、孔隙式、同心管式、挡板式 5 种不同发泡方式，上述 5 种发泡方式的发泡原理及各自特点见表1.1。

表1.1 常用发泡器发泡方式

发泡方式	发泡原理	特　点
涡轮式发泡器	涡轮式发泡器是指采用不同喷嘴将水、空气和泡沫除尘剂溶液注入发泡腔内，发泡腔内安设有若干涡轮，涡轮在旋转过程中将水、空气和泡沫除尘剂溶液进行混合搅拌，从而生成泡沫	可生成高倍数均匀细腻性泡沫，且性能稳定，但组件的制造相对复杂，成本较高且维修比较困难
网式发泡器	网式发泡器工作时首先将水和泡沫除尘剂按一定比例进行混合，进而通过喷嘴将混合后的溶液喷洒到发泡网上，通过风吹的方式将发泡网上黏附的泡沫除尘剂溶液经由发泡网吹出形成泡沫	可产生高倍数均匀细腻的泡沫且结构简单、操作方便，但由于矿井综掘工作面风压和水压均较大，导致发泡倍数较低
孔隙式发泡器	孔隙式发泡器是指在发泡腔进口和出口处各安装一个孔板，孔板上钻设一定数量的空洞，在发泡腔内加入钢丝球、钢棉、车床铁屑或玻璃球等填充物，利用填充物间的孔隙产生均匀细小的泡沫。需要注意的是，孔板上钻设的孔洞尺寸应小于填充物的尺寸	可生成高倍数的均匀细腻泡沫，但由于煤矿井下水质较差，杂质多，导致该类发泡器在井下使用时易阻塞，实用性差
同心管式发泡器	同心管式发泡器主要由相互同心安放的不同直径的两根管子组成，内管表面有若干小孔，两根管子之间留有环形空间，将泡沫除尘剂溶液注入两根管子之间的环形空间内，空气则由内管注入，内管中的空气在压力作用下会通过内管表面的小孔进入环形空间内与泡沫除尘剂溶液进行混合从而产生泡沫	可以生成高倍数泡沫，但生成的泡沫质量不高，且由于煤矿井下水质较差，杂质多，导致该类发泡器在井下使用时易阻塞，实用性差

发泡方式	发泡原理	特　点
挡板式发泡器	挡板式发泡器与涡轮式发泡器结构大体相同，挡板式发泡器是将涡轮式发泡器的涡轮替换为上下交错的挡板薄片，水、空气和泡沫除尘剂溶液注入发泡腔内后会被多重挡板连续阻挡产生扰流作用从而使其充分混合并产生泡沫	结构简单，操作方便，可以生成高倍数的泡沫，但生成的泡沫均匀性不高，细腻度不够

目前，泡沫除尘领域发泡器研制方面的最新研究成果主要有以下几个。[16,17,21~25]

中国矿业大学王德明、任万兴等人在综合分析上述发泡方式的基础上，利用射流原理，借鉴文丘里管在喉部高速低压的特点，使空气在喉部和发泡液形成高速稳态流动，并在文丘里管的内部设置扰流器，把液体流束分散开，由于射流的作用在发泡器与扰流器之间的旋转斜面上，形成湍流涡流，使气-液混合，另外，在扰流器的后部设置若干挡板，增加气液的混合强度。采用该方法设计的发泡器发泡倍数达到了 40~50 倍，发泡量为 40~100m³，将其在综掘工作面现场进行应用，结果显示，泡沫对总尘的降尘效率达到了 84.43%，是水雾除尘的 2.11 倍，而对呼吸性粉尘泡沫的降尘效率是 68.85%，是水雾的 1.72 倍，取得了良好的降尘效果。

中国矿业大学王德明、王和堂等人研发了一种矿用多孔螺旋式泡沫发生装置，主要由压风接头、喷嘴体、气液混合室、多孔螺旋式起泡器、发泡筒体和泡沫出口接头组成。该发泡器的多喷嘴射流结构可实现气液两相的低阻高效混合，采用网面高倍数发泡及螺旋低阻高效传热传质耦合机制进行发泡，大幅提高了装置的发泡性能，产生泡沫的风泡比低、发泡量大、成泡率高；同时降低了混合发泡过程的阻力损失，提高了装置的驱动压力，摒除了扰流发泡装置中的易损运动部件，提高了装置发泡的可靠性。

北京科技大学蒋仲安、陈举师等人研制了一种露天矿潜孔钻机泡沫发生器,其结构示意图如图1.1所示。该泡沫发生器同时兼有螺旋式及网式发泡特点的新型泡沫发生器基本结构。泡沫发生器主要由4个部分组成:基座、混合腔、发泡网及汇流器。其中,混合腔主要根据螺旋式发泡机理实现初次发泡,发泡网主要根据网式发泡机理完成再次发泡,兼具螺旋式及网式泡沫发生器的发泡特点是该泡沫发生器的创新性及优越性所在。该发泡器在液体流量为18L/min、气体流量为30m³/h,使用发泡网为10目铁丝网且发泡剂浓度为1.5%时,发泡效果最佳,产生泡沫流量达到最大值515L/min。通过现场应用得出,使用泡沫除尘后采场平均降尘率高达90%以上。

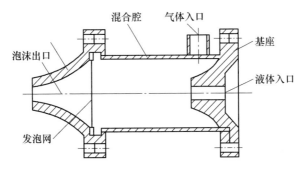

图1.1 北京科技大学研发的发泡器结构示意图

河南理工大学鲁中良、刘宝毅等人研发设计了一种螺旋式发泡器,采用螺旋叶片搅拌切割的方式进行发泡。设计发泡装置的结构如图1.2所示,该发泡装置的具体工作原理为:借鉴流经文丘里管喉管部分的流体具备高速低压的特点,压力气体经过喷头出口水平喷射而出,由于黏滞作用,压力气体在喷射过程中会带走附近的气体从而形成负压区,液体到达吸入室后将在负压的作用下与气体射流发生混合,随后两者的混合液进入喉管部分。喉管入口处采用轴承与喉管外壁连接,轴承活动部分加装套管,混合液将在套管内完成进一步的混合,然后经过在套管末端前部及周边开设的若干孔口,流出后经过一活动风扇。风扇在流体压力的作用下发生高速转动,对混合液进行搅拌与切割,生成泡沫;然后在压力的作用下泡沫混合液进入输送管路，经喷头喷出对尘源形成无隙覆盖，达到降尘的目的。

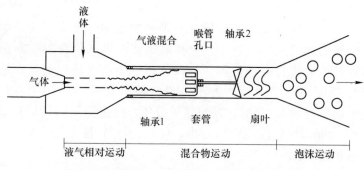

图 1.2　河南理工大学研制的发泡器结构示意图

太原理工大学李军霞、王群星等人研发了一种由文丘里管负压引射装置、扰流装置及挡板构成的挡板式矿用发泡器，该发泡器的工作原理为：泡沫剂溶液从泡沫发生器流体进水管进入，经文丘里管的喉腔时，静压降低，速压增大，形成射流。射流在扰流器头部圆锥的阻挡下，被分散到圆锥的四周，并沿着扰流器的圆筒外缘和扰流器与圆筒内壁之间的环形空间继续向前流动，从进气管通入的高压气流进入扰流器的圆筒内部后，从圆筒上的均匀小孔向四周扩散出来，气流冲击液体形成部分泡沫和气液两相混合流，高速紊乱的气液混合液和部分泡沫继续向后流动进入圆筒挡板障碍腔，在挡板的冲击下被进一步混合，产生更多均匀泡沫群，其结构图如图 1.3 所示。

由上可知，目前使用的发泡器发泡方式主要为挡板式发泡和网式发泡，参考表 1.1 各类发泡器的特点可知，上述两种发泡器均可以产生高倍数的泡沫，但挡板式发泡器的缺点是产生泡沫的均匀性不高，细腻程度不够，而网式发泡器在井下水压和风压较大的条件下，发泡倍数会有所下降。

1.2.3　泡沫除尘剂溶液添加装置研究现状

目前，针对泡沫除尘剂溶液添加技术，采用最为广泛的方法是

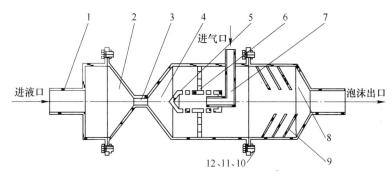

图 1.3 太原理工大学研制的发泡器结构示意图

1—进水管；2—渐缩管；3—喉管；4—渐扩管；5—扰流器；6—扰流器支架；
7—进气管；8—挡板障碍管；9—挡板；10—紧固螺栓；
11—弹性垫片；12—螺母

采用文丘里管产生负压，利用负压将泡沫除尘剂溶液吸入发泡器内，但该方法经过实践证明存在下列主要问题：（1）其产生负压的大小与煤矿井下水压关系比较大，导致其添加流量难以稳定；（2）由于井下水质欠佳，导致文丘里管比较容易阻塞，实用性较差。

为此，针对上述问题，中国矿业大学王德明、沈威等人利用射流汽化吸液原理[26]，设计了射流汽化吸液装置，实现了在井下复杂环境下发泡剂的稳定添加，提升了泡沫除尘系统的可靠性，并成功应用到综掘工作面中，取得了良好的应用效果。

此外，重庆煤科院针对泡沫除尘剂溶液添加问题，研发了一套无动力液体添加装置[27~29]，该装置使用矿井水管水压为动力，能实现对泡沫除尘剂溶液的连续添加，在不同进水压力、进水流量、不同添加介质时的添加误差仅为 5%，改善了泡沫除尘溶液添加技术。

1.2.4 应用技术研究现状

目前，泡沫除尘技术在现场应用时，几乎均采用产生大量泡沫覆盖产尘点、防止粉尘向外扩散的工艺。但由于煤矿井下机械化程度高，巷道及采掘工作面放置了许多机械电气设备，在作业地点产生大量泡沫后会阻挡操作工人的视线，影响安全生产；同时，大量泡沫在巷道和工作面受风流的影响而运动，会越聚越多，容易发生封堵巷道，影响井下风流的畅通。

针对上述问题，中国矿业大学、河南理工大学等相继对泡沫喷射技术进行了研究，取得了以下成果。

中国矿业大学王德明、任万兴[5]等人，系统研究了泡沫喷头的内部结构参数，指出喷头内部结构主要由入射断面直径、椭圆半长轴长度、椭圆中心至 V 形槽底部的长度以及 V 形槽角度的一半四个参数确定。通过理论分析，给出了四个参数的确定方法。最终研发并制作出一种泡沫喷头，该喷头具有泡沫分散均匀、流量大、扩散范围广的特点，改善了泡沫喷射工艺。

河南理工大学刘宝毅[16]等人通过理论分析、数值模拟等方法研发了一种泡沫喷头，并对泡沫喷头的基本参数进行了确定：出口长轴宽度 20mm，短轴宽 8mm，扇形底部距半球面球心 5mm，扇形角度 120°，实验证明，该喷头能起到良好的覆盖效果。

此外，中国矿业大学王德明、韩方伟及姜家兴[30,31]等人针对目前泡沫除尘技术中普遍采用粗放的泡沫施用工艺，泡沫喷出后实际上真正用于除尘的部分较少，造成了泡沫浪费严重，降低了泡沫利用率，在一定程度上推高了除尘成本的问题，研发了弧扇形泡沫喷嘴，通过改变泡沫喷射流型使其最大程度地作用到产尘处，在此基础上，讨论了风流场对泡沫覆盖的影响规律，提出了使用附壁风筒缓解风流场对泡沫射流影响的方法，改善了泡沫喷射工艺技术。

由此可知，目前在泡沫喷射技术方面取得的研究成果较多，实现了对泡沫喷射参数的有效控制，但泡沫除尘技术在现场应用时泡沫量和泡沫需要覆盖范围的大小如何选择却没有相关的科学依据，这导致的后果是，当覆盖范围比较小时，泡沫降尘效率偏低；而当泡沫覆盖过大时，又使泡沫用量增加，导致其应用成本提高。

1.3　课题研究的目的和意义

通过上述分析，可以得出目前泡沫除尘技术存在的主要问题在于：

（1）影响发泡剂发泡能力的因素尚不明确，对泡沫除尘剂润湿性方面的研究选择的煤样种类较单一，导致泡沫除尘剂润湿性不够全面；目前使用的泡沫除尘剂均为采用化学方法生成的化学品，对矿工的身体健康影响情况也大都未进行鉴定研究，导致泡沫除尘剂的安全性尚未可知。

（2）目前使用的发泡器发泡方式主要是挡板式发泡器和网式发泡器，挡板式发泡器的不足之处在于产生的泡沫均匀性较差，细腻程度不高；网式发泡器的不足之处在于在井下风压和水压较大的条件下，发泡倍数会有所降低。

（3）目前有关泡沫与粉尘耦合沉降机理方面的研究较少，这也导致泡沫-粉尘耦合沉降规律不明确，无法有效提高泡沫降尘效率。

（4）泡沫除尘技术应用工艺方面存在不足，虽然目前泡沫喷射技术得到了较大程度的提升，但泡沫除尘技术在应用过程中泡沫覆盖范围和泡沫量的选择没有科学依据，覆盖范围过小导致泡沫除尘效率低，而覆盖范围过大又会增加泡沫除尘的成本；同时，大量的泡沫也会遮挡司机的视线，影响现场生产。

为此，本书重点针对上述问题对综掘工作面泡沫除尘技术进行实验研究，采用实验的方法对发泡剂发泡能力影响因素进行分析，为新型发泡剂的研发提供依据。在此基础上，研发一种发泡能力强、对不同变质程度煤尘润湿性均较佳且经毒性鉴定后无毒无害的新型泡沫除尘剂，针对目前网式发泡器存在的在井下风压和水压较大时发泡倍数低的缺点，通过结构参数优化实验提高网式发泡器的发泡能力使其适用于煤矿井下环境，并研发一套电动式泡沫除尘剂添加装置，保证泡沫除尘剂溶液的连续稳定添加且添加流量不受井下其他条件下的影响；在此基础上，对泡沫除尘系统在不同工作参数时发泡效果变化规律进行分析，通过泡沫-粉尘耦合实验得出泡沫-粉尘颗粒粒径耦合规律，为泡沫除尘技术现场应用提供参考。此外，针对目前泡沫除尘技术应用时泡沫量和泡沫覆盖范围选择没有参考依据导致泡沫除尘技术降尘效率低、成本高的问题，对综掘机截割区域粉尘浓度分布情况进行数值模拟，通过模拟结果对综掘机截割区域不同粉尘浓度区间进行划分并对覆盖不同粉尘浓度区间所需泡沫量进行匹配实验，对泡沫喷嘴布置方式进行优化；同时通过现场应用提出泡沫除尘技术在应用时泡沫的最佳覆盖范围及所需的泡沫量、泡沫喷嘴最佳布置方式，为矿井泡沫除尘技术改进提供依据。

煤矿粉尘不但严重威胁着井下工作人员的职业安全健康，也影响着煤矿企业的井下安全生产和社会的稳定，随着我国煤矿生产规模的继续扩大，粉尘安全隐患和职业健康问题将变得更为严重。为实现企业经济的快速、健康、可持续发展，维护矿工职业安全健康和社会稳定，必须对生产过程中产生的粉尘进行治理，为矿工创造一个良好的工作环境。进行矿井泡沫除尘技术实验研究，能有效解决矿井采煤生产过程中的高浓度粉尘问题，可为相关矿井提供有效的粉尘防治手段，从而能保障矿井的安全生产，对有效防治煤矿生产现场粉尘、提高井下矿工的职业安全健康程度具有极其重要的理论意义和实用价值。

1.4　研究内容和方法

1.4.1　研究内容

本书的主要研究内容包括如下五个部分：

（1）采用改进 ROSS-Miles 法对发泡剂的发泡能力进行测定，利用 BRUKER AVANCE Ⅲ500 液体核磁共振仪和马尔文 Kinexus 旋转流变仪得出了发泡剂分子碳链结构及发泡剂溶液剪切黏度。通过对上述实验结果进行分析，得出发泡剂分子碳链结构和溶液剪切黏度对发泡能力影响规律，并总结得出一种以发泡剂分子碳链结构和发泡剂溶液剪切黏度为指标的发泡剂优选及改进依据，为发泡剂的优选和改进提供参考。

（2）根据上述依据对实验用的发泡剂单体进行优选，并采用正交实验的方法通过发泡剂单体复配实验和稳泡剂配方研发实验得出了 6 种发泡能力和稳泡能力均较佳的泡沫除尘剂配方。为了考察泡沫除尘剂的润湿性能，在全国 9 个矿区选取了 10 种不同变质程度的煤样，通过泡沫除尘剂与不同煤种煤尘润湿性实验优选了一种对 10 种煤尘润湿性均较好的配方作为泡沫除尘剂最终配方；进而对本书研发的泡沫除尘剂进行了毒性鉴定，鉴定结果表明本书研发的泡沫除尘剂属实际无毒级别，保证了其安全性。

（3）设计了一种网式矿用发泡器并对影响发泡器发泡效果的结构参数进行了优化以提高其发泡效果。此外，为了保证泡沫除尘剂原液的连续自动添加，设计了一种利用电动计量泵添加的泡沫除尘剂溶液添加装置，并结合煤矿现场生产情况通过计算得出了泡沫除尘剂溶液添加装置的具体参数，从而形成了一整套泡沫除尘系统。在此基础上测定了泡沫除尘系统在不同工作参数时包括发泡量、发泡倍数和产生泡沫粒径 3 个参数在内的发泡参数变化规律，通过泡沫-粉尘耦合沉降实验得出了泡沫-粉尘颗粒粒径耦合规律，为泡沫除尘系统现场应用提供指导。

（4）针对目前泡沫除尘技术在现场应用时泡沫量和泡沫覆盖范围的随意性导致泡沫除尘技术在应用时除尘效率低下、应用成本较高的问题。以蒋庄煤矿 $3_{下}1101$ 煤巷综掘工作面为例对综掘机截割区域粉尘分布情况进行了数值模拟，通过数值模拟结果对截割区域粉尘浓度区间进行了划分，在此基础上，建立了不同粉尘浓度区间实体模型，通过实验得出了覆盖不同区间实体模型所需的最小泡沫量和最佳喷嘴布置方式。

（5）将本书研究成果在枣矿集团蒋庄煤矿 $3_{下}1101$ 煤巷综掘工作面进行应用以验证其效果，将泡沫除尘系统与综掘机外喷雾系统降尘效果进行对比分析，对得出的泡沫-粉尘颗粒粒径耦合规律进行了验证。此外，按照覆盖不同粉尘区间模型实验得出的最小泡沫量和最佳喷嘴布置方式进行除尘效果实验，通过对比覆盖不同粉尘区间所需泡沫量和除尘效果，在综合考虑除尘效果和使用泡沫量的基础上提出一个泡沫最佳覆盖范围，从而为蒋庄煤矿 $3_{下}1101$ 煤巷综掘工作面乃至全国其他综掘工作面泡沫除尘技术应用提供借鉴依据。

1.4.2　研究方法

本书将理论分析、数值模拟、实验测试、现场应用相结合，通过对矿井泡沫除尘技术进行研究，尤其是对发泡剂发泡效果影响因素研究、新型泡沫除尘剂研发、矿用发泡器及泡沫除尘剂添加系统研制、泡沫除尘系统不同工作参数条件下发泡效果变化规律、泡沫-粉尘颗粒耦合规律、综掘机截割区域粉尘浓度区间划分及覆盖所需泡沫量匹配等方面的研究，为泡沫除尘技术的研究及应用提供了依据。

本书的具体研究思路是：初选 20 种发泡剂单体，对其发泡能力、分子碳链结构、发泡剂溶液剪切黏度等进行测定，得出发泡剂发泡能力与其分子碳链结构及其溶液剪切黏度之间的关系并提出以碳链结构和剪切黏度为考察指标的发泡剂发泡能力选择依据，在此选择依据的基础上，对发泡剂单体进行优选并采用正交实验的方法通过发泡剂配方研发实验、稳泡剂配方研发实验、不同煤种煤尘润湿性测定实验、泡沫除尘剂毒性鉴定实验得出一种发泡能力强、泡沫稳定性高、对煤尘润湿性强且无毒无害的泡沫除尘剂配方。设计一种网式矿用发泡器并对其结构参数进行优化，并研发一套与之匹配的可用于泡沫除尘剂原液连续自动添加的添加装置，从而形成一整套泡沫除尘系统，对泡沫除尘系统在不同工作参数条件下发泡效果变化规律进行研究，并通过泡沫-粉尘耦合沉降实验得出泡沫-粉尘颗粒粒径耦合规律。通过数值模拟对综掘机截割区域粉尘浓度区间进行划分，在此基础上建立不同粉尘浓度区间实体模型，并对覆盖不同实体模型所需泡沫量和喷嘴布置方式进行实验研究。最后，通过现场应用在综合考虑除尘效果和使用泡沫量的基础上提出泡沫最佳覆盖范围，从而为矿井泡沫除尘技术应用提供借鉴依据。

本书研究技术路线图如图 1.4 所示。

1.5　本章小结

针对目前我国煤矿安全生产形势非常严峻、煤尘爆炸事故时有发生、矿工尘肺病发病率逐年上升的情况，提出进行综掘工作面泡沫除尘技术与应用研究，从而控制尘肺病发病率和防止煤尘爆炸事故的发生。详细阐述了矿井泡沫除尘技术国内外研究现状、存在问题及发展趋势，简要介绍了本书研究的目的和意义、研究内容和方法。

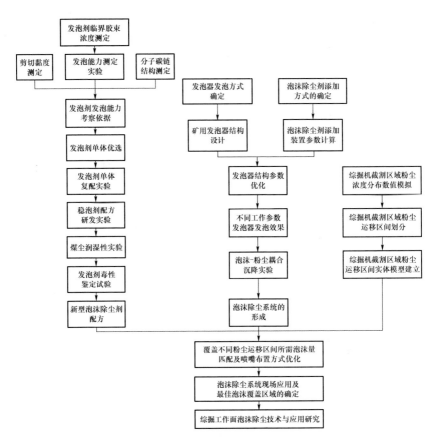

图 1.4 研究技术路线图

2 发泡剂发泡能力影响因素分析及泡沫除尘剂配方研究

发泡剂作为泡沫除尘技术中的重要环节，其发泡能力的好坏直接关系到泡沫除尘技术的除尘效果及成本，但目前对影响发泡剂发泡能力的因素尚不明确，导致其发泡能力提高有限。本书认为，发泡剂作为一种表面活性剂，其性质主要与分子结构有关，为此，本书通过实验对发泡剂分子碳链结构与发泡剂发泡能力的关系进行研究，同时通过发泡剂溶液剪切黏度测定实验得出发泡剂溶液发泡能力最强的剪切黏度范围，进而得出一种以发泡剂分子碳链结构和发泡剂溶液剪切黏度为指标的发泡剂优选依据，以为发泡剂的优选提供参考。在参考该依据的基础上对发泡剂单体进行优选，采用正交实验的方法，通过复配实验、不同变质程度煤尘润湿性实验和毒性鉴定实验研发了一种发泡能力和稳泡能力更强、润湿性能更全面且对人体无毒的新型泡沫除尘剂。

2.1 发泡剂单体发泡能力测定实验

2.1.1 发泡剂单体初选

由于目前使用的发泡剂一般为表面活性剂类发泡剂，其分子结构主要由亲水基和疏水基构成，通过查阅资料可知[32,33]，疏水基对发泡剂发泡能力的影响远大于亲水基，因此，本书重点对疏水基（即碳链结构）对发泡剂发泡能力影响规律进行研究。通过查阅目前常用的发泡剂种类[11~20]，对实验用的发泡剂进行选择，选择时遵循的原则为：（1）目前发泡领域应用比较广泛，保证得出的实验结果更具有代表性；（2）发泡能力强；（3）由于本书研究重点为疏水基的影响，因此，需保证每组用于对比的发泡剂亲水基类型相同。按照上述原则，选择了羧酸盐型、氧化胺型、硫酸盐型和甜菜碱型4种不同亲水基类型的发泡剂且每种不同的亲水基都含有5种用于对比的发泡剂，分别编号为1号~20号，具体情况见表2.1，实验用水选用蒸馏水。

表2.1 20种发泡剂单体基本情况表

编号	样品状态	浓度/%	亲水基类型	编号	样品状态	浓度/%	亲水基类型
1号	溶液	35	羧酸盐型	11号	溶液	30	硫酸盐型
2号	溶液	99	羧酸盐型	12号	溶液	50	硫酸盐型
3号	溶液	30	羧酸盐型	13号	溶液	90	硫酸盐型
4号	溶液	50	羧酸盐型	14号	溶液	35	硫酸盐型
5号	溶液	35	羧酸盐型	15号	溶液	50	硫酸盐型
6号	溶液	30	氧化胺型	16号	溶液	30	甜菜碱型
7号	溶液	99	氧化胺型	17号	溶液	35	甜菜碱型
8号	溶液	50	氧化胺型	18号	溶液	30	甜菜碱型
9号	溶液	30	氧化胺型	19号	溶液	30	甜菜碱型
10号	溶液	35	氧化胺型	20号	溶液	50	甜菜碱型

2.1.2 发泡剂单体临界胶束浓度测定实验

2.1.2.1 实验仪器

烧杯、玻璃棒、电子天平、JK99C型全自动表面张力仪。

2.1.2.2 实验方法

本书采用表面张力法对1号~20号发泡剂的临界胶束浓度进行测定[34,35]，采用上海中晨数字技术设备有限公司出品的JK99C型全自动表面张力仪（图2.1），运用白金板法进行测量，其工作原理为：根据白金板受力平衡时的力学分析求算出与之相接触液体的表面张力。即平衡力=白金板的重力+表面张力总和-白金板受到的浮力。实验时将1号~20号发泡剂按照浓度为0.1%~1%（每隔0.1%配置一次）配置成不同浓度的溶液，采用JK99C型全自动表面张力仪对其表面张力进行测定，每种浓度表面张力测定三次，取平均值作为该浓度表面张力值，表面张力不再降低的最低浓度即为该发泡剂单体的临界胶束浓度。

图 2.1   JK99C 型全自动表面张力仪

2.1.2.3   实验结果分析

表面张力测定实验结果见表 2.2 和图 2.2。其中，实验所用蒸馏水的表面张力值为 71.656mN/m。

表 2.2   1 号~20 号发泡剂表面张力测定结果　　　（mN/m）

编号	发泡剂浓度									
	0.10%	0.20%	0.30%	0.40%	0.50%	0.60%	0.70%	0.80%	0.90%	1.00%
1 号	42.398	33.124	28.196	27.527	27.124	26.281	26.587	26.432	26.642	27.156
2 号	45.083	43.403	41.582	38.667	35.928	29.573	26.501	26.762	26.683	27.106
3 号	43.916	35.223	27.232	27.653	27.166	28.102	28.258	28.193	27.986	27.851
4 号	37.551	30.042	26.649	23.975	23.258	23.753	24.295	24.376	23.862	24.127
5 号	35.793	30.419	25.918	23.369	23.239	24.103	24.218	23.363	23.676	24.173
6 号	56.091	42.004	31.219	31.651	32.443	31.391	31.882	31.652	31.351	32.287
7 号	51.483	45.042	42.383	39.185	35.626	32.587	31.623	28.571	28.986	28.623
8 号	48.582	42.521	37.786	27.962	28.126	28.272	28.153	27.865	27.756	28.045
9 号	47.506	40.276	31.309	26.536	26.985	26.873	26.943	27.108	26.876	26.735
10 号	53.868	50.228	43.267	39.759	36.586	32.345	30.361	30.963	31.257	30.862
11 号	50.733	35.838	30.365	27.246	28.135	28.287	27.536	27.382	28.213	28.128

编号	发泡剂浓度									
	0.10%	0.20%	0.30%	0.40%	0.50%	0.60%	0.70%	0.80%	0.90%	1.00%
12 号	59.624	43.371	34.118	32.364	32.726	32.538	32.925	33.272	32.361	32.576
13 号	39.549	30.973	28.682	27.983	26.562	25.347	24.982	24.132	25.137	24.935
14 号	33.029	23.559	19.835	19.257	19.367	20.135	20.372	20.205	19.536	20.215
15 号	40.998	31.228	29.635	25.581	25.276	25.837	25.352	26.765	26.368	25.652
16 号	52.838	36.752	29.326	29.863	29.672	29.736	30.325	30.152	29.836	30.215
17 号	34.417	29.268	27.569	25.638	21.036	21.625	21.762	21.631	21.583	22.627
18 号	50.568	45.362	42.627	35.319	31.365	31.986	32.257	32.651	31.869	31.957
19 号	47.763	32.926	27.158	27.781	27.538	27.357	28.251	28.225	27.568	27.623
20 号	46.857	40.758	35.234	33.629	30.457	28.286	28.956	29.216	28.974	28.765

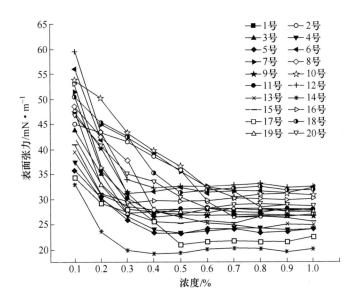

图 2.2 1 号~20 号发泡剂表面张力随浓度变化曲线

由图 2.2 不难看出，随着活性剂溶液浓度的增加，表面张力值逐渐降低。溶液的质量浓度在达到一定程度的时候，表面张力就会有一个明显的下降，即存在一个表面张力变化的拐点，该点所对应的溶液浓度即为临界胶束浓度（CMC），即表面活性剂分子在溶剂中缔合形成胶束的最低浓度。

对于初选的 20 种发泡剂单体溶液而言，当溶液浓度低于 0.3%时，随着溶液浓度逐渐增大，表面张力值出现迅速下降趋势；但当溶液浓度继续增高时，表面张力则下降趋缓；溶液浓度高于 0.7%时，表面张力基本保持不变且维持在 20~35mN/m 之间，由此可见，初选的发泡剂单体中大部分的 CMC 在 0.3%~0.7%之间，最终得出1 号~20 号发泡剂的临界胶束浓度，见表 2.3。

表 2.3　1 号~20 号发泡剂 CMC 测定结果及对应的表面张力值

发泡剂编号	CMC	表面张力 /mN·m^{-1}	发泡剂编号	CMC	表面张力 /mN·m^{-1}
1 号	0.6%	26.281	11 号	0.4%	27.246
2 号	0.7%	26.501	12 号	0.4%	32.364
3 号	0.3%	27.232	13 号	0.8%	24.132
4 号	0.5%	23.258	14 号	0.4%	19.257
5 号	0.5%	23.239	15 号	0.5%	25.276
6 号	0.3%	31.219	16 号	0.3%	29.326
7 号	0.8%	28.571	17 号	0.5%	21.036
8 号	0.4%	27.962	18 号	0.5%	31.365
9 号	0.4%	26.536	19 号	0.3%	27.158
10 号	0.7%	30.361	20 号	0.6%	28.286

2.1.3　发泡剂发泡能力测定实验

2.1.3.1　实验仪器

改进的罗氏泡沫仪、保持发泡环境恒温的水浴锅（图 2.3）、温度计（0~100℃，刻度 0.1℃）、量筒、烧杯、玻璃棒、电子天平、秒表。

2.1.3.2 实验方法

按照表面张力测定实验中得出的临界胶束浓度将初选的 20 种发泡剂配置成溶液，采用改进的罗氏泡沫仪对其发泡能力进行测定。测量时将恒温水浴始终设定为 30℃，待水温恒定以后，令 450mL 发泡剂溶液从高 500mm 处在内径为 20mm 的玻璃管中自由流下，冲击盛放在标有刻度的量筒中的 50mL 同种发泡剂溶液后产生泡沫，记录 450mm 溶液滴完后初始时刻 0min 和 5min 时的泡沫体积，分别表示泡沫剂的发泡能力和泡沫的稳定性。重复三次取平均值。

图 2.3 改进的罗氏泡沫仪及恒温水浴锅

2.1.3.3 实验结果分析

实验结果见表 2.4 和图 2.4。

表 2.4 1 号~20 号发泡剂发泡能力测定结果

发泡剂编号	浓度/%	发泡体积/mL	发泡剂编号	浓度/%	发泡体积/mL
1 号	0.60	450	11 号	0.40	280
2 号	0.70	270	12 号	0.40	460
3 号	0.30	360	13 号	0.80	550
4 号	0.50	420	14 号	0.40	420
5 号	0.50	280	15 号	0.50	300
6 号	0.30	470	16 号	0.30	580
7 号	0.80	700	17 号	0.50	700
8 号	0.40	510	18 号	0.50	470
9 号	0.40	720	19 号	0.30	410
10 号	0.70	570	20 号	0.60	430

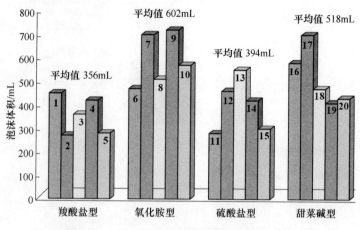

图 2.4 1 号~20 号发泡剂发泡体积测定结果

由表 2.4 和图 2.4 可知：

（1）对羧酸盐型发泡剂而言，发泡能力大小顺序为 1 号 > 4 号 > 3 号 > 5 号 > 2 号，泡沫体积分别为 450mL、420mL、360mL、280mL、270mL。

（2）对氧化胺型发泡剂而言，发泡能力大小顺序为 9 号 > 7 号 > 10 号 > 8 号 > 6 号，泡沫体积分别为 720mL、700mL、570mL、510mL、470mL。

（3）对硫酸盐型发泡剂而言，发泡能力大小顺序为 13 号 > 12 号 > 14 号 > 15 号 > 11 号，泡沫体积分别为 550mL、460mL、420mL、300mL、280mL。

（4）对甜菜碱型发泡剂而言，发泡能力大小顺序为 17 号 > 16 号 > 18 号 > 20 号 > 19 号，泡沫体积分别为 700mL、580mL、470mL、430mL、410mL。

（5）对上述 4 种不同类型发泡剂的发泡体积各自取平均值进行比较可知，4 种不同类型发泡剂的发泡能力顺序为氧化胺型 > 甜菜碱型 > 硫酸盐型 > 羧酸盐型。

（6）结合发泡剂表面张力测定实验的实验结果可知，发泡剂表面张力与其发泡能力之间无明显对应关系，即仅仅通过测定发泡剂的表面张力难以推断其发泡能力大小。

2.2　发泡剂分子碳链结构与发泡能力关系测定实验

2.2.1　实验材料的准备

初选的 20 种发泡剂单体、蒸馏水。

2.2.2　实验仪器简介

现代核磁仪器是多个复杂设备的有机组合，必须精确控制多种条件才能揭示正确的分子结构。从 1940 年第一次发现核磁共振现象以来，核磁仪器的发展速度非常惊人。核磁共振谱仪的硬件主要构成可以分为四个部分：磁体、探头、数据采集和接收系统、操作系统。简单来讲，磁体的功能是产生一个恒定的磁场；探头则置于静磁场之中，用于激发检测核并探测核磁共振信号；数据采集和接受系统是将共振信号放大处理并显示和记录下来；操作系统是整个核磁共振谱仪的控制平台。本书的核磁共振实验在 BRUKER AVANCE Ⅲ 500 液体核磁共振仪上进行，如图 2.5 所示。

图 2.5　BRUKER AVANCE Ⅲ 500 核磁共振仪

2.2.3　实验条件设定

本实验采用 4mm 固体 H-X-Y 三共振探头，将发泡剂溶入重水中并填入 4mm 样品管内待测。测试条件为：魔角转速为 5kHz，^{13}C 检测核的共振频率为 100.38MHz，采样时间 0.0026s，循环延迟时间 2s，扫描 10240~20480 次。采用交叉极化（CP）技术，旋转边带全抑制（TOSS）技术，接触时间 3000μs，谱宽 39682Hz。

2.2.4 实验结果分析

2.2.4.1 碳链结构实验实验结果分析

通过对比表 2.5 中不同类型碳官能团对应的化学位移归属[36~41]得出 1 号~20 号发泡剂分子所含的碳类型，通过计算每种碳类型的峰面积，可以得出不同碳类型的碳含量，具体实验结果见表 2.6~表 2.25。

表 2.5 碳官能团化学位移的归属

化学位移/×10⁻⁶	主要归属
0~16	脂甲基
16~22	芳环甲基
22~36	亚甲基
36~50	季碳
50~60	与 N、O 相连的甲基碳
60~70	与 N、O 相连的次甲基碳
70~90	环内氧接脂碳
90~165	芳香碳
165~190	羧基碳
190~220	羰基碳

表 2.6 1 号发泡剂¹³C-NMR 峰值数据分析结果

序号	化学位移/×10⁻⁶	相对强度	占总碳百分比/%	碳原子归属
1	13.8982	359.16	8.83	脂甲基碳
2	22.7543	244.198	5.21	亚甲基碳
3	23.3968	169.56	3.38	亚甲基碳
4	23.5752	137.785	2.59	亚甲基碳
5	25.8636	160.046	3.14	亚甲基碳
6	26.6965	115.679	2.09	亚甲基碳
7	29.5758	212.169	4.42	亚甲基碳

序号	化学位移/×10⁻⁶	相对强度	占总碳百分比/%	碳原子归属
8	29.7027	284.143	6.19	亚甲基碳
9	29.8216	221.218	4.65	亚甲基碳
10	30.0199	436.013	9.93	亚甲基碳
11	30.131	309.457	6.82	亚甲基碳
12	32.1259	230.419	4.87	亚甲基碳
13	36.0482	263.423	6.66	季碳
14	36.5123	292.333	7.59	季碳
15	57.2504	171.051	4.49	与 N、O 等相连的甲基碳
16	57.5875	243.821	6.89	与 N、O 等相连的甲基碳
17	67.9585	347.915	8.86	与 N、O 等相连的次甲基碳
18	175.445	166.469	3.39	羧基碳

由表 2.6 可知：

1 号发泡剂含有脂甲基碳，亚甲基碳，季碳，与 N、O 等相连的甲基碳，与 N、O 等相连的次甲基碳，羧基碳 6 种不同类型碳，且含量依次为 8.83%、53.29%、14.25%、11.38%、8.86%、3.39%，6 种碳含量大小顺序为亚甲基碳 > 季碳 > 与 N、O 等相连的甲基碳 > 与 N、O 等相连的次甲基碳 > 脂甲基碳 > 羧基碳。

表 2.7 2 号发泡剂 ¹³C-NMR 峰值数据分析结果

序号	化学位移/×10⁻⁶	相对强度	占总碳百分比/%	碳原子归属
1	13.5849	77.8916	4.16	脂甲基碳
2	25.3678	102.1911	5.45	亚甲基碳
3	28.8341	153.4064	8.17	亚甲基碳
4	30.9718	96.2077	5.13	亚甲基碳
5	31.3525	78.8061	4.19	亚甲基碳
6	31.7372	89.8163	4.78	亚甲基碳
7	32.6732	113.6462	6.05	亚甲基碳
8	34.8267	76.2407	4.09	亚甲基碳

续表 2.7

序号	化学位移/×10⁻⁶	相对强度	占总碳百分比/%	碳原子归属
9	49.7428	119.1528	6.38	季碳
10	59.9115	139.4795	7.48	与 N、O 等相连的甲基碳
11	60.0583	31.3997	1.57	与 N、O 等相连的次甲基碳
12	62.5053	261.57	14.11	与 N、O 等相连的次甲基碳
13	72.0792	298.69	15.96	环内氧接脂碳
14	182.522	233.1799	12.48	羧基碳

由表 2.7 可知：

2 号发泡剂含有脂甲基碳，亚甲基碳，季碳，与 N、O 等相连的甲基碳，与 N、O 等相连的次甲基碳，环内氧接脂碳，羧基碳 7 种不同类型碳，含量依次为 4.16%、37.86%、6.38%、7.48%、15.68%、15.96%、12.48%。7 种碳含量大小顺序为亚甲基碳 > 环内氧接脂碳 > 与 N、O 等相连的次甲基碳 > 羧基碳 > 与 N、O 等相连的甲基碳 > 季碳 > 脂甲基碳。

表 2.8　3 号发泡剂 ¹³C-NMR 峰值数据分析结果

序号	化学位移/×10⁻⁶	相对强度	占总碳百分比/%	碳原子归属
1	13.1844	41.3332	1.26	脂甲基碳
2	13.8546	118.914	3.61	脂甲基碳
3	18.8557	185.913	5.65	芳甲基碳
4	22.663	146.696	5.72	亚甲基碳
5	26.0262	79.9333	3.12	亚甲基碳
6	26.1491	75.7746	2.95	亚甲基碳
7	29.3576	177.949	6.94	亚甲基碳
8	29.433	174.741	6.82	亚甲基碳
9	29.5599	132.967	5.19	亚甲基碳
10	29.7066	114.644	4.47	亚甲基碳
11	29.8653	130.761	5.11	亚甲基碳
12	31.8959	99.4834	3.89	亚甲基碳

序号	化学位移/×10⁻⁶	相对强度	占总碳百分比/%	碳原子归属
13	32.0188	105.132	4.14	亚甲基碳
14	60.5501	82.1935	2.48	与N、O等相连的次甲基碳
15	68.3194	87.9574	2.65	与N、O等相连的次甲基碳
16	69.069	82.8765	2.50	与N、O等相连的次甲基碳
17	69.4616	86.1431	2.62	与N、O等相连的次甲基碳
18	69.5806	86.0939	2.58	与N、O等相连的次甲基碳
19	71.3812	76.43	2.35	环内氧接脂碳
20	71.4803	140.106	4.32	环内氧接脂碳
21	73.1659	107.239	3.31	环内氧接脂碳
22	75.9896	76.573	2.36	环内氧接脂碳
23	98.1158	64.3046	1.78	芳香碳
24	98.6354	79.7177	2.21	芳香碳
25	98.7187	72.0895	1.99	芳香碳
26	102.637	57.1867	1.59	芳香碳
27	177.376	296.0727	8.39	羧基碳

由表2.8可知：

3号发泡剂含有脂甲基碳，芳甲基碳，亚甲基碳，与N、O等相连的次甲基碳，环内氧接脂碳，芳香碳，羧基碳7种不同类型碳，含量依次为4.87%、5.65%、48.35%、12.83%、12.34%、7.57%、8.39%。7种碳含量大小顺序为亚甲基碳 > 与N、O等相连的次甲基碳 > 环内氧接脂碳 > 羧基碳 > 芳香碳 > 芳甲基碳 > 脂甲基碳。

表2.9　4号发泡剂¹³C-NMR峰值数据分析结果

序号	化学位移/×10⁻⁶	相对强度	占总碳百分比/%	碳原子归属
1	13.8625	292.8475	5.62	脂甲基碳
2	16.9163	215.1498	4.13	芳甲基碳
3	20.1169	192.5735	3.69	芳甲基碳
4	22.7463	284.9	5.46	亚甲基碳

续表 2.9

序号	化学位移/×10⁻⁶	相对强度	占总碳百分比/%	碳原子归属
5	23.3849	198.518	3.81	亚甲基碳
6	23.5633	166.683	3.20	亚甲基碳
7	25.8557	190.342	3.65	亚甲基碳
8	26.6885	143.489	2.75	亚甲基碳
9	29.6947	318.841	6.12	亚甲基碳
10	29.8097	268.494	5.15	亚甲基碳
11	30.012	467.256	8.97	亚甲基碳
12	30.1191	338.109	6.49	亚甲基碳
13	32.1179	264.727	5.09	亚甲基碳
14	36.0443	208.08	3.99	季碳
15	36.5043	235.397	6.79	季碳
16	57.2424	213.291	5.09	与 N、O 等相连的甲基碳
17	57.5835	192.766	3.48	与 N、O 等相连的甲基碳
18	63.8934	141.052	2.71	与 N、O 等相连的次甲基碳
19	67.95456	286.902	6.56	与 N、O 等相连的次甲基碳
20	123.855	227.5753	4.36	芳香碳
21	175.464	150.319	2.89	羧基碳

由表 2.9 可知：

4 号发泡剂含有脂甲基碳，芳甲基碳，亚甲基碳，季碳，与 N、O 等相连的甲基碳，与 N、O 等相连的次甲基碳，芳香碳，羧基碳 8 种不同类型碳，含量依次为 5.62%、7.82%、50.69%、10.78%、8.57%、9.27%、4.36%、2.89%。8 种碳的依含量高低顺序为亚甲基碳 > 季碳 > 与 N、O 等相连的次甲基碳 > 与 N、O 等相连的甲基碳 > 芳甲基碳 > 脂甲基碳 > 芳香碳 > 羧基碳。

表 2.10　5 号发泡剂¹³C-NMR 峰值数据分析结果

序号	化学位移/×10⁻⁶	相对强度	占总碳百分比/%	碳原子归属
1	13.8705	114.0752	5.05	脂甲基碳
2	22.667	97.1609	4.31	亚甲基碳

续表 2.10

序号	化学位移/×10⁻⁶	相对强度	占总碳百分比/%	碳原子归属
3	26.3474	115.855	5.13	亚甲基碳
4	27.1049	60.7713	2.69	亚甲基碳
5	27.2557	78.1615	3.46	亚甲基碳
6	27.3786	72.1615	3.19	亚甲基碳
7	29.4528	134.917	5.98	亚甲基碳
8	29.8692	181.497	8.04	亚甲基碳
9	30.1588	144.451	6.40	亚甲基碳
10	31.995	79.454	3.51	亚甲基碳
11	41.3468	59.7428	2.65	季碳
12	49.1756	129.241	5.71	季碳
13	57.3337	154.736	7.12	与 N、O 等相连的甲基碳
14	61.9461	122.282	5.42	与 N、O 等相连的次甲基碳
15	62.5608	72.091	3.19	与 N、O 等相连的次甲基碳
16	67.4429	122.039	5.14	与 N、O 等相连的次甲基碳
17	72.0633	315.3508	13.98	环内氧接脂碳
18	182.147	203.4467	9.03	羧基碳

由表 2.10 可知:

5 号发泡剂含有脂甲基碳,亚甲基碳,季碳,与 N、O 等相连的甲基碳,与 N、O 等相连的次甲基碳,环内氧接脂碳,羧基碳 7 种不同类型碳,含量依次为 5.05%、42.71%、8.36%、7.12%、13.75%、13.98%、9.03%。7 种碳含量大小顺序为亚甲基碳 > 环内氧接脂碳 > 与 N、O 等相连的次甲基碳 > 羧基碳 > 季碳 > 与 N、O 等相连的甲基碳 > 脂甲基碳。

表 2.11 6 号发泡剂¹³C-NMR 峰值数据分析结果

序号	化学位移/×10⁻⁶	相对强度	占总碳百分比/%	碳原子归属
1	13.9101	185.614	4.35	脂甲基碳
2	20.8863	202.423	4.97	芳甲基碳

序号	化学位移/×10⁻⁶	相对强度	占总碳百分比/%	碳原子归属
3	22.3815	137.005	3.36	亚甲基碳
4	22.7265	359.952	8.86	亚甲基碳
5	25.8358	228.951	5.62	亚甲基碳
6	29.6233	290.455	7.13	亚甲基碳
7	29.9327	312.657	7.67	亚甲基碳
8	30.008	290.793	7.14	亚甲基碳
9	32.0743	227.655	5.58	亚甲基碳
10	36.2386	278.197	6.82	季碳
11	51.3807	157.892	3.37	与 N、O 等相连的甲基碳
12	62.5925	203.71	5.00	与 N、O 等相连的次甲基碳
13	69.6599	172.097	4.23	与 N、O 等相连的次甲基碳
14	73.8599	181.208	4.45	环内氧接脂碳
15	82.9222	171.651	4.20	环内氧接脂碳
16	109.923	178.233	4.37	芳香碳
17	136.538	203.805	5.01	芳香碳
18	208.969	320.605	7.87	羰基碳

由表 2.11 可知：

6 号发泡剂含有脂甲基碳，芳甲基碳，亚甲基碳，季碳，与 N、O 等相连的甲基碳，与 N、O 等相连的次甲基碳，环内氧接脂碳，芳香碳，羰基碳 9 种不同类型碳，含量依次为 4.35%、4.97%、45.36%、6.82%、3.37%、9.23%、8.65%、9.38%、7.87%。9 种碳含量大小顺序为亚甲基碳 > 芳香碳 > 与 N、O 等相连的次甲基碳 > 环内氧接脂碳 > 羰基碳 > 季碳 > 芳甲基碳 > 脂甲基碳 > 与 N、O 等相连的甲基碳。

表 2.12 7 号发泡剂 ^{13}C-NMR 峰值数据分析结果

序号	化学位移/×10^{-6}	相对强度	占总碳百分比/%	碳原子归属
1	15.1277	249.16	7.23	脂甲基碳
2	17.769	102.151	2.96	芳甲基碳
3	19.1809	103.2421	3.00	芳甲基碳
4	22.3259	231.7329	6.72	亚甲基碳
5	23.8766	187.9847	5.45	亚甲基碳
6	24.3922	253.6369	7.35	亚甲基碳
7	24.8562	226.3757	6.57	亚甲基碳
8	26.1729	215.8983	6.26	亚甲基碳
9	26.8511	274.3111	7.96	亚甲基碳
10	30.5355	193.3757	5.61	亚甲基碳
11	33.2839	161.8983	4.69	亚甲基碳
12	35.5961	173.2834	5.06	亚甲基碳
13	39.8992	251.2277	7.29	季碳
14	53.5263	126.3311	3.67	与 N、O 等相连的甲基碳
15	59.5229	137.3029	3.98	与 N、O 等相连的甲基碳
16	62.7115	171.6205	4.98	与 N、O 等相连的次甲基碳
17	157.629	197.8117	5.74	芳香碳
18	209.786	188.8515	5.48	羰基碳

由表 2.12 可知：

7 号发泡剂含有脂甲基碳，芳甲基碳，亚甲基碳，季碳，与 N、O 等相连的甲基碳，与 N、O 等相连的次甲基碳，芳香碳，羰基碳 8 种不同类型碳，含量依次为 7.23%、5.96%、55.67%、7.29%、7.65%、4.98%、5.74%、5.48%。8 种碳含量大小顺序为亚甲基碳 > 与 N、O 等相连的甲基碳 > 季碳 > 脂甲基碳 > 芳甲基碳 > 芳香碳 > 羰基碳 > 与 N、O 等相连的次甲基碳。

表 2.13　8 号发泡剂 ^{13}C-NMR 峰值数据分析结果

序号	化学位移/×10^{-6}	相对强度	占总碳百分比/%	碳原子归属
1	12.3832	123.8715	2.65	脂甲基碳
2	15.5639	141.9214	3.04	脂甲基碳
3	19.7718	248.5094	5.32	芳甲基碳
4	23.7299	286.8895	6.14	亚甲基碳
5	24.2296	183.7499	3.93	亚甲基碳
6	24.9157	197.8201	4.23	亚甲基碳
7	27.3786	203.4131	4.35	亚甲基碳
8	28.9055	215.1277	4.61	亚甲基碳
9	31.2216	176.6057	3.78	亚甲基碳
10	31.6698	189.4198	4.06	亚甲基碳
11	34.1922	235.2476	5.04	亚甲基碳
12	34.7276	257.7805	5.52	亚甲基碳
13	35.6159	223.7324	4.79	亚甲基碳
14	39.2527	138.0159	2.95	季碳
15	46.5938	218.3989	4.68	季碳
16	57.2623	222.3505	4.76	与 N、O 等相连的甲基碳
17	62.4577	404.5285	8.66	与 N、O 等相连的次甲基碳
18	75.5573	159.2917	3.41	环内氧接脂碳
19	81.7562	185.9122	3.98	环内氧接脂碳
20	137.367	335.3943	7.18	芳香碳
21	198.876	323.2491	6.92	羰基碳

由表 2.13 可知：

8 号发泡剂含有脂甲基碳，芳甲基碳，亚甲基碳，季碳，与 N、O 等相连接的甲基碳，与 N、O 等相连的次甲基碳，环内氧接脂碳，芳香碳，羰基碳 9 种不同类型碳，含量依次为 5.69%、5.32%、46.45%、7.63%、4.76%、8.66%、7.39%、7.18%、6.92%。9 种碳含量大小顺序为亚甲基碳 > 与 N、O 等相连的次甲基碳 > 季碳 > 环内氧接脂碳 > 芳香碳 > 羰基碳 > 脂甲基碳 > 芳甲基碳 > 与 N、O 等相连的甲基碳。

表 2.14 9 号发泡剂 ^{13}C-NMR 峰值数据分析结果

序号	化学位移/×10^{-6}	相对强度	占总碳百分比/%	碳原子归属
1	13. 2161	293. 2058	5. 47	脂甲基碳
2	13. 9657	180. 8632	3. 38	脂甲基碳
3	18. 7288	360. 5073	6. 73	芳甲基碳
4	23. 3968	382. 9313	7. 15	亚甲基碳
5	25. 1537	319. 8516	5. 97	亚甲基碳
6	25. 8755	346. 2295	6. 65	亚甲基碳
7	26. 3911	335. 8301	6. 27	亚甲基碳
8	30. 8568	283. 1199	5. 28	亚甲基碳
9	31. 6619	369. 2731	6. 89	亚甲基碳
10	32. 5344	357. 4082	6. 67	亚甲基碳
11	33. 4109	376. 2633	7. 02	亚甲基碳
12	35. 1638	298. 1379	5. 57	亚甲基碳
13	35. 8817	269. 263	4. 85	亚甲基碳
14	37. 3213	179. 2072	3. 35	季碳
15	43. 0363	269. 1502	5. 02	季碳
16	58. 5116	426. 9305	7. 97	与 N、O 等相连的甲基碳
17	62. 3665	84. 1005	1. 57	与 N、O 等相连的次甲基碳
18	83. 7511	137. 132	2. 56	环内氧接脂碳
19	126. 421	87. 3145	1. 63	芳香碳

由表 2.14 可知:

9 号发泡剂含有脂甲基碳,芳甲基碳,亚甲基碳,季碳,与 N、O 等相连的甲基碳,与 N、O 等相连的次甲基碳,环内氧接脂碳,芳香碳 8 种不同类型碳,含量依次为 8.85%、6.73%、62.32%、8.37%、7.97%、1.57%、2.56%、1.63%。8 种碳含量大小顺序为亚甲基碳 > 脂甲基碳 > 季碳 > 与 N、O 等相连的甲基碳 > 芳甲基碳 > 环内氧接脂碳 > 芳香碳 > 与 N、O 等相连的次甲基碳。

表 2.15 10 号发泡剂^{13}C-NMR 峰值数据分析结果

序号	化学位移/×10^{-6}	相对强度	占总碳百分比/%	碳原子归属
1	13.3787	344.0109	8.67	脂甲基碳
2	23.1905	212.1692	5.35	亚甲基碳
3	23.8727	226.2763	5.70	亚甲基碳
4	25.4789	285.4696	7.19	亚甲基碳
5	26.6211	252.1273	6.35	亚甲基碳
6	27.2517	267.8566	6.75	亚甲基碳
7	27.8307	274.9305	6.93	亚甲基碳
8	28.5565	249.2835	6.28	亚甲基碳
9	30.7537	302.4035	7.63	亚甲基碳
10	32.4432	377.2378	9.51	亚甲基碳
11	52.6617	198.6516	5.01	与 N、O 等相连的甲基碳
12	57.8373	86.6353	2.18	与 N、O 等相连的甲基碳
13	63.4571	306.3164	7.72	与 N、O 等相连的次甲基碳
14	75.5573	127.2393	3.21	环内氧接脂碳
15	83.3029	189.3935	4.77	环内氧接脂碳
16	208.838	267.8285	6.75	羰基碳

由表 2.15 可知：

10 号发泡剂含有脂甲基碳，亚甲基碳，与 N、O 等相连的甲基碳，与 N、O 等相连的次甲基碳，环内氧接脂碳，羰基碳 6 种不同类型碳，含量依次为 8.67%、61.69%、7.19%、7.72%、7.98%、6.75%。6 种碳含量大小顺序为亚甲基碳 > 脂甲基碳 > 环内氧接脂碳 > 与 N、O 等相连的次甲基碳 > 与 N、O 等相连的甲基碳 > 羰基碳。

表 2.16 11 号发泡剂^{13}C-NMR 峰值数据分析结果

序号	化学位移/×10^{-6}	相对强度	占总碳百分比/%	碳原子归属
1	13.8625	262.7339	5.93	脂甲基碳
2	20.5333	235.7073	5.32	芳甲基碳
3	22.3259	178.3092	4.02	亚甲基碳

续表 2.16

序号	化学位移/×10⁻⁶	相对强度	占总碳百分比/%	碳原子归属
4	25. 2608	157. 2303	3. 55	亚甲基碳
5	25. 8557	208. 5794	4. 71	亚甲基碳
6	26. 7639	149. 6457	3. 38	亚甲基碳
7	27. 1962	183. 9806	4. 15	亚甲基碳
8	29. 4925	172. 7536	3. 90	亚甲基碳
9	30. 0834	165. 1725	3. 73	亚甲基碳
10	30. 6386	198. 5413	4. 48	亚甲基碳
11	31. 7848	236. 6252	5. 34	亚甲基碳
12	39. 3083	316. 3441	7. 14	季碳
13	52. 3722	271. 1521	6. 12	与 N、O 等相连的甲基碳
14	61. 6883	212. 7092	4. 80	与 N、O 等相连的次甲基碳
15	65. 4401	358. 1725	8. 08	与 N、O 等相连的次甲基碳
16	67. 6293	256. 3094	5. 79	与 N、O 等相连的次甲基碳
17	138. 323	239. 5285	5. 41	芳香碳
18	152. 811	264. 6726	5. 97	芳香碳
19	202. 627	362. 4222	8. 18	羰基碳

由表 2.16 可知：

11 号发泡剂含有脂甲基碳，芳甲基碳，亚甲基碳，季碳，与 N、O 等相连的甲基碳，与 N、O 等相连的次甲基碳，芳香碳，羰基碳 8 种不同类型碳，含量依次为 5.93%、5.32%、37.26%、7.14%、6.12%、18.67%、11.38%、8.18%。8 种碳含量高低顺序为亚甲基碳 > 与 N、O 等相连的次甲基碳 > 芳香碳 > 羰基碳 > 季碳 > 与 N、O 等相连的甲基碳 > 脂甲基碳 > 芳甲基碳。

表 2.17 12 号发泡剂¹³C-NMR 峰值数据分析结果

序号	化学位移/×10⁻⁶	相对强度	占总碳百分比/%	碳原子归属
1	13. 6087	208. 6102	3. 77	脂甲基碳
2	15. 3656	235. 5066	4. 26	脂甲基碳

续表 2.17

序号	化学位移/×10⁻⁶	相对强度	占总碳百分比/%	碳原子归属
3	18.6098	424.7592	7.68	芳甲基碳
4	23.1905	278.6222	5.04	亚甲基碳
5	23.9004	315.2618	5.70	亚甲基碳
6	25.4313	287.1832	5.19	亚甲基碳
7	26.7758	295.1065	5.34	亚甲基碳
8	28.1797	308.8792	5.58	亚甲基碳
9	30.0755	322.5827	5.83	亚甲基碳
10	30.5831	263.9621	4.77	亚甲基碳
11	32.3321	298.5669	5.40	亚甲基碳
12	33.4505	310.7236	5.62	亚甲基碳
13	35.8579	281.9185	5.10	亚甲基碳
14	55.7116	195.3478	3.53	与 N、O 等相连的甲基碳
15	58.8725	237.7075	4.30	与 N、O 等相连的甲基碳
16	61.2282	307.8133	5.57	与 N、O 等相连的次甲基碳
17	66.4832	331.5379	5.99	与 N、O 等相连的次甲基碳
18	118.616	429.1839	7.76	芳香碳
19	210.091	197.4467	3.57	羰基碳

由表 2.17 可知：

12 号发泡剂含有脂甲基碳，芳甲基碳，亚甲基碳，与 N、O 等相连的甲基碳，与 N、O 等相连的次甲基碳，芳香碳，羰基碳 7 种不同类型碳，含量依次为 8.03%、7.68%、53.57%、7.83%、11.56%、7.76%、3.57%。7 种碳按含量高低顺序为亚甲基碳 > 与 N、O 等相连的次甲基碳 > 脂甲基碳 > 与 N、O 等相连的甲基碳 > 芳香碳 > 芳甲基碳 > 羰基碳。

表 2.18 13 号发泡剂 ^{13}C-NMR 峰值数据分析结果

序号	化学位移/$\times 10^{-6}$	相对强度	占总碳百分比/%	碳原子归属
1	13.0574	195.2368	4.61	脂甲基碳
2	13.4461	226.6539	5.35	脂甲基碳
3	15.8059	183.5351	4.33	脂甲基碳
4	23.8251	198.3951	4.68	亚甲基碳
5	25.4591	273.2421	6.45	亚甲基碳
6	25.9627	232.0329	5.48	亚甲基碳
7	28.0251	216.3282	5.11	亚甲基碳
8	28.5168	195.2502	4.61	亚甲基碳
9	28.8103	181.7321	4.29	亚甲基碳
10	32.2171	252.2188	5.95	亚甲基碳
11	33.7837	293.0477	6.92	亚甲基碳
12	35.1202	357.4477	8.43	亚甲基碳
13	41.7037	257.9572	6.09	季碳
14	47.0935	160.2063	3.78	季碳
15	52.5665	196.9038	4.65	与 N、O 等相连的甲基碳
16	58.1903	267.0159	6.30	与 N、O 等相连的甲基碳
17	65.8922	416.0449	9.82	与 N、O 等相连的次甲基碳
18	195.382	133.4563	3.15	羰基碳

由表 2.18 可知:

13 号发泡剂含有脂甲基碳,亚甲基碳,季碳,与 N、O 等相连的甲基碳,与 N、O 等相连的次甲基碳,羰基碳 6 种不同类型碳,含量依次为 14.29%、51.92%、9.87%、10.95%、9.82%、3.15%。6 种碳含量高低顺序为亚甲基碳 > 脂甲基碳 > 与 N、O 等相连的甲基碳 > 季碳 > 与 N、O 等相连的次甲基碳 > 羰基碳。

表 2. 19   14 号发泡剂^{13}C-NMR 峰值数据分析结果

序号	化学位移/×10^{-6}	相对强度	占总碳百分比/%	碳原子归属
1	13. 5691	169. 5541	4. 24	脂甲基碳
2	14. 2631	131. 5653	3. 29	脂甲基碳
3	18. 2608	127. 9596	3. 19	芳甲基碳
4	19. 1968	145. 9671	3. 66	芳甲基碳
5	22. 7225	187. 1633	4. 68	亚甲基碳
6	23. 3412	202. 9338	5. 07	亚甲基碳
7	25. 5899	195. 1197	4. 88	亚甲基碳
8	25. 8557	236. 1052	5. 91	亚甲基碳
9	26. 1531	191. 4588	4. 79	亚甲基碳
10	26. 7202	176. 2974	4. 41	亚甲基碳
11	27. 6721	182. 9001	4. 57	亚甲基碳
12	31. 1701	210. 9131	5. 27	亚甲基碳
13	34. 8941	225. 8374	5. 65	亚甲基碳
14	35. 7706	162. 3437	4. 06	亚甲基碳
15	51. 2855	131. 1911	3. 28	与 N、O 等相连的甲基碳
16	53. 8793	106. 0688	2. 65	与 N、O 等相连的甲基碳
17	57. 4209	129. 4419	3. 24	与 N、O 等相连的甲基碳
18	62. 7195	359. 2807	8. 98	与 N、O 等相连的次甲基碳
19	65. 9359	313. 7392	7. 85	与 N、O 等相连的次甲基碳
20	132. 362	413. 0894	10. 33	芳香碳

由表 2. 19 可知：

14 号发泡剂含有脂甲基碳，芳甲基碳，亚甲基碳，与 N、O 等相连的甲基碳，与 N、O 等相连的次甲基碳，芳香碳 6 种不同类型碳，含量依次为 7. 53%、6. 85%、49. 29%、9. 17%、16. 83%、10. 33%。6 种碳含量高低顺序为亚甲基碳 > 与 N、O 等相连的次

甲基碳 > 芳香碳 > 与 N、O 等相连的甲基碳 > 脂甲基碳 > 芳甲基碳。

表 2.20　15 号发泡剂^{13}C-NMR 峰值数据分析结果

序号	化学位移/×10^{-6}	相对强度	占总碳百分比/%	碳原子归属
1	13.4897	173.0198	4.16	脂甲基碳
2	14.2353	111.33	2.59	脂甲基碳
3	17.8008	217.7909	5.17	芳甲基碳
4	22.6512	237.7581	6.31	亚甲基碳
5	25.7763	269.8205	7.16	亚甲基碳
6	26.1016	188.4113	5.00	亚甲基碳
7	26.6251	204.1524	5.42	亚甲基碳
8	28.3503	198.6296	5.27	亚甲基碳
9	29.4528	223.2805	5.93	亚甲基碳
10	32.9389	211.1002	5.61	亚甲基碳
11	35.0686	176.0775	4.68	亚甲基碳
12	35.4335	126.6166	3.37	亚甲基碳
13	43.7859	358.9126	8.52	季碳
14	55.2713	132.8968	3.15	与 N、O 等相连的甲基碳
15	58.6305	170.8309	4.06	与 N、O 等相连的甲基碳
16	102.352	376.3716	8.93	芳香碳
17	137.871	296.8003	7.05	芳香碳
18	193.169	186.5703	4.43	羰基碳
19	215.679	134.429	3.19	羰基碳

由表 2.20 可知：

15 号发泡剂含有脂甲基碳，芳甲基碳，亚甲基碳，季碳，与 N、O 等相连的甲基碳，芳香碳，羰基碳 7 种不同类型碳，含量依次为 6.75%、5.17%、48.75%、8.52%、7.21%、15.98%、7.62%。7 种碳含量高低顺序为亚甲基碳 > 芳香碳 > 季碳 > 羰基碳 > 与 N、O 等相连的甲基碳 > 脂甲基碳 > 芳甲基碳。

表 2.21　16 号发泡剂¹³C-NMR 峰值数据分析结果

序号	化学位移/×10⁻⁶	相对强度	占总碳百分比/%	碳原子归属
1	13.7713	485.7171	8.73	脂甲基碳
2	22.7939	275.2683	4.95	亚甲基碳
3	23.3928	298.4238	5.36	亚甲基碳
4	26.8392	257.0223	4.62	亚甲基碳
5	27.2001	229.8262	4.13	亚甲基碳
6	27.7633	262.1533	4.71	亚甲基碳
7	30.6783	285.5627	5.13	亚甲基碳
8	31.3129	306.7685	5.51	亚甲基碳
9	33.9026	295.0772	5.30	亚甲基碳
10	34.2239	326.6763	5.88	亚甲基碳
11	35.4137	285.1655	5.13	亚甲基碳
12	39.2686	319.8863	5.75	季碳
13	43.8771	273.7679	4.92	季碳
14	57.3931	349.9611	6.29	与 N、O 等相连的甲基碳
15	62.0611	351.6302	6.32	与 N、O 等相连的次甲基碳
16	78.8213	316.5785	5.69	环内氧接脂碳
17	179.387	386.682	6.95	羧基碳
18	192.708	257.6025	4.63	羰基碳

由表 2.21 可知：

16 号发泡剂含有脂甲基碳，亚甲基碳，季碳，与 N、O 等相连的甲基碳，与 N、O 等相连的次甲基碳，环内氧接脂碳，羧基碳，羰基碳 8 种不同类型碳，含量依次为 8.73%、50.72%、10.67%、6.29%、6.32%、5.69%、6.95%、4.63%。8 种碳含量高低顺序为亚甲基碳 > 季碳 > 脂甲基碳 > 羧基碳 > 与 N、O 等相连的次甲基碳 > 与 N、O 等相连的甲基碳 > 环内氧接脂碳 > 羰基碳。

表 2.22　17 号发泡剂 ^{13}C-NMR 峰值数据分析结果

序号	化学位移/×10^{-6}	相对强度	占总碳百分比/%	碳原子归属
1	13.0773	312.2866	7.83	脂甲基碳
2	13.5691	236.2779	5.92	脂甲基碳
3	23.5911	267.1289	6.69	亚甲基碳
4	23.8806	209.8232	5.26	亚甲基碳
5	25.6375	195.9101	4.91	亚甲基碳
6	28.1916	235.3233	5.89	亚甲基碳
7	29.2823	258.8289	6.49	亚甲基碳
8	31.5706	183.5363	4.60	亚甲基碳
9	33.9621	217.8151	5.46	亚甲基碳
10	34.1723	202.6763	5.08	亚甲基碳
11	34.6601	286.2399	7.17	亚甲基碳
12	35.4771	249.8805	6.28	亚甲基碳
13	51.7218	188.5626	4.73	与 N、O 等相连的甲基碳
14	58.8566	360.4009	9.03	与 N、O 等相连的甲基碳
15	63.3223	237.7778	5.96	与 N、O 等相连的次甲基碳
16	82.6921	192.6957	4.83	环内氧接脂碳
17	197.579	154.3959	3.87	羰基碳

由表 2.22 可知：

17 号发泡剂含有脂甲基碳，亚甲基碳，与 N、O 等相连的甲基碳，与 N、O 等相连接的次甲基碳，环内氧接脂碳，羰基碳 6 种不同类型碳，含量依次为 13.75%、57.83%、13.76%、5.96%、4.83%、3.87%。6 种碳含量高低顺序为亚甲基碳 > 与 N、O 等相连的甲基碳 > 脂甲基碳 > 与 N、O 等相连的次甲基碳 > 环内氧接脂碳 > 羰基碳。

表 2.23   18 号发泡剂^{13}C-NMR 峰值数据分析结果

序号	化学位移/×10^{-6}	相对强度	占总碳百分比/%	碳原子归属
1	13.7515	388.4528	7.98	脂甲基碳
2	23.0517	213.2251	4.38	亚甲基碳
3	23.7735	251.9691	5.17	亚甲基碳
4	26.2721	246.0738	5.05	亚甲基碳
5	28.7905	195.3365	4.01	亚甲基碳
6	29.5837	202.5306	4.16	亚甲基碳
7	30.7021	238.9811	4.91	亚甲基碳
8	32.1933	293.7729	6.04	亚甲基碳
9	33.5179	187.8133	3.86	亚甲基碳
10	34.2199	198.1737	4.07	亚甲基碳
11	35.1123	273.1471	5.62	亚甲基碳
12	39.7604	289.0088	5.94	季碳
13	47.3671	171.4879	3.52	季碳
14	52.7173	489.2169	10.05	与 N、O 等相连的甲基碳
15	75.8389	358.2722	7.36	环内氧接脂碳
16	169.527	212.4727	4.36	羧基碳
17	173.212	267.0085	5.49	羧基碳
18	198.622	390.8867	8.03	羰基碳

由表 2.23 可知:

18 号发泡剂含有脂甲基碳, 亚甲基碳, 季碳, 与 N、O 等相连的甲基碳, 环内氧接脂碳, 羧基碳, 羰基碳 7 种不同类型碳, 含量依次为 7.98%、47.27%、9.46%、10.05%、7.36%、9.85%、8.03%。7 种碳含量高低顺序为亚甲基碳 > 与 N、O 等相连的甲基碳 > 羧基碳 > 季碳 > 羰基碳 > 脂甲基碳 > 环内氧接脂碳。

表 2.24 19 号发泡剂^{13}C-NMR 峰值数据分析结果

序号	化学位移/×10^{-6}	相对强度	占总碳百分比/%	碳原子归属
1	13. 2319	285. 7834	6. 93	脂甲基碳
2	22. 5877	205. 4139	4. 98	亚甲基碳
3	23. 6506	239. 2904	5. 81	亚甲基碳
4	25. 0783	187. 7487	4. 55	亚甲基碳
5	25. 5225	196. 3454	4. 76	亚甲基碳
6	26. 3871	216. 9013	5. 26	亚甲基碳
7	29. 4092	227. 5606	5. 52	亚甲基碳
8	30. 9559	179. 7002	4. 36	亚甲基碳
9	32. 3678	235. 6639	5. 71	亚甲基碳
10	35. 4176	202. 5777	4. 91	亚甲基碳
11	43. 5241	303. 9284	7. 37	季碳
12	57. 6708	241. 6581	5. 86	与 N、O 等相连的甲基碳
13	76. 2078	289. 6743	7. 02	环内氧接脂碳
14	85. 5238	240. 2418	5. 83	环内氧接脂碳
15	178. 907	273. 1757	6. 62	羧基碳
16	182. 286	211. 7902	5. 14	羧基碳
17	206. 562	386. 4057	9. 37	羰基碳

由表 2.24 可知：

19 号发泡剂含有脂甲基碳，亚甲基碳，季碳，与 N、O 等相连的甲基碳，环内氧接脂碳，羧基碳，羰基碳 7 种不同类型碳，含量依次为 6.93%、45.86%、7.37%、5.86%、12.85%、11.76%、9.37%。7 种碳含量高低顺序为亚甲基碳 > 环内氧接脂碳 > 羧基碳 > 羰基碳 > 季碳 > 脂甲基碳 > 与 N、O 等相连的甲基碳。

表 2.25 20 号发泡剂^{13}C-NMR 峰值数据分析结果

序号	化学位移/×10^{-6}	相对强度	占总碳百分比/%	碳原子归属
1	13. 9736	365. 2171	7. 27	脂甲基碳
2	22. 5123	201. 6132	4. 01	亚甲基碳

续表 2.25

序号	化学位移/×10⁻⁶	相对强度	占总碳百分比/%	碳原子归属
3	24.8126	247.2542	4.92	亚甲基碳
4	25.2132	216.4716	4.31	亚甲基碳
5	25.7803	229.8911	4.58	亚甲基碳
6	27.0931	207.5306	4.13	亚甲基碳
7	28.2511	258.7567	5.15	亚甲基碳
8	31.1661	196.8133	3.92	亚甲基碳
9	33.8035	243.1506	4.84	亚甲基碳
10	34.5729	297.6587	5.93	亚甲基碳
11	35.2907	244.3787	4.86	亚甲基碳
12	38.5825	218.3105	4.35	季碳
13	41.1287	231.3034	4.60	季碳
14	53.7325	345.6251	6.88	与 N、O 等相连的甲基碳
15	66.3761	359.1888	7.15	与 N、O 等相连的次甲基碳
16	75.0616	320.0046	6.37	环内氧接脂碳
17	173.656	410.9321	8.18	羧基碳
18	195.552	264.1775	5.26	羰基碳
19	203.726	165.342	3.29	羰基碳

由表 2.25 可知:

20 号发泡剂含有脂甲基碳, 亚甲基碳, 季碳, 与 N、O 等相连的甲基碳, 与 N、O 等相连的次甲基碳, 环内氧接脂碳, 羧基碳, 羰基碳 8 种不同类型碳, 含量依次为 7.27%、46.65%、8.95%、6.88%、7.15%、6.37%、8.18%、8.55%。8 种碳含量高低顺序为亚甲基碳 > 季碳 > 羰基碳 > 羧基碳 > 脂甲基碳 > 与 N、O 等相连的次甲基碳 > 与 N、O 等相连的甲基碳 > 环内氧接脂碳。

表2.26 1号~20号发泡剂所含碳类型及各自比例分布 （%）

发泡剂编号	碳类型编号				
	C_1	C_2	C_3	C_4	C_5
1号	8.83	—	53.29	14.25	11.38
2号	4.16	—	37.94	6.37	7.45
3号	4.87	5.65	48.35	—	—
4号	5.62	7.82	50.69	10.78	8.57
5号	5.05	—	42.71	8.36	7.12
6号	4.35	4.97	45.36	6.82	3.37
7号	7.23	5.96	55.67	7.29	7.65
8号	5.69	5.32	46.45	7.63	4.76
9号	8.85	6.73	62.32	8.37	7.97
10号	8.67	—	61.69	—	7.19
11号	5.93	5.32	37.26	7.14	6.12
12号	8.03	7.68	53.57	—	7.83
13号	14.29	—	51.92	9.87	10.95
14号	7.53	6.85	49.29	—	9.17
15号	6.75	5.17	48.75	8.52	7.21
16号	8.73	—	50.72	10.67	6.29
17号	13.75	—	57.83	—	13.76
18号	7.98	—	47.27	9.46	10.05
19号	6.93	—	45.86	7.37	5.86
20号	7.27	—	46.65	8.95	6.88
发泡剂编号	碳类型编号				
	C_6	C_7	C_8	C_9	C_{10}
1号	8.86	—	—	3.39	—
2号	15.66	15.96	—	12.46	—
3号	12.83	12.34	7.57	8.39	—
4号	9.27	—	4.36	2.89	—
5号	13.75	13.98	—	9.03	—

续表 2.26

发泡剂编号	碳类型编号				
	C_6	C_7	C_8	C_9	C_{10}
6 号	9.23	8.65	9.38	—	7.87
7 号	4.98	—	5.74	—	5.48
8 号	8.66	7.39	7.18	—	6.92
9 号	1.57	2.56	1.63	—	—
10 号	7.72	7.98	—	—	6.75
11 号	18.67	—	11.38	—	8.18
12 号	11.56	—	7.76	—	3.57
13 号	9.82	—	—	—	3.15
14 号	16.83	—	10.33	—	—
15 号	—	—	15.98	—	7.62
16 号	6.32	5.69	—	6.95	4.63
17 号	5.96	4.83	—	—	3.87
18 号	—	7.36	—	9.85	8.03
19 号	—	12.85	—	11.76	9.37
20 号	7.15	6.37	—	8.18	8.55

注：C_1 为脂甲基碳；C_2 为芳甲基碳；C_3 为亚甲基碳；C_4 为季碳；C_5 为与 N、O、S 及卤族元素相连的甲基碳；C_6 为与 N、O、S 及卤族元素相连的次甲基碳；C_7 为环内氧接脂碳；C_8 为芳香碳；C_9 为羧基碳；C_{10} 为羰基碳；—代表无该类型碳。表中，$C_1 + C_2 + C_3 + C_4 + C_5 + C_6 + C_7 + C_8 + C_9 + C_{10} = 100\%$。

由表 2.26 可知：

（1）1 号~20 号发泡剂所含的碳类型各不相同，其中，脂甲基碳和亚甲基碳在所有发泡剂中均存在，其他类型碳只存在于部分发泡剂中；在所有碳中，亚甲基碳所占的比例最大，均在 37.26% 以上，其他类型碳所占比例大小因发泡剂不同各不相同。

（2）对羧酸盐型发泡剂而言，脂甲基碳含量顺序为 1 号 > 4 号 > 5 号 > 3 号 > 2 号；芳甲基碳只存在于 3 号和 4 号发泡剂中且大小顺序为 4 号 > 3 号；亚甲基碳含量顺序为 1 号 > 4 号 > 3 号 > 5 号 > 2 号；季碳存在于 1 号、2 号、4 号和 5 号发泡剂中且含量顺序为 1 号 >

4 号 > 5 号 > 2 号；与 N、O、S 及卤族元素相连的甲基碳存在于 1 号、2 号、4 号和 5 号发泡剂中且含量顺序为 1 号 > 4 号 > 2 号 > 5 号；与 N、O、S 及卤族元素相连的次甲基碳顺序为 2 号 > 5 号 > 3 号 > 4 号 > 1 号；环内氧接脂碳存在于 2 号、3 号和 5 号发泡剂中且含量顺序为 2 号 > 5 号 > 3 号；芳香碳存在于 3 号和 4 号发泡剂中且含量顺序为 3 号 > 4 号；羧基碳含量顺序为 2 号 > 5 号 > 3 号 > 1 号 > 4 号；羰基碳在 1 号~5 号发泡剂中均不存在。

（3）对氧化胺型发泡剂而言，脂甲基碳含量顺序为 9 号 > 10 号 > 7 号 > 8 号 > 6 号；芳甲基碳存在于 6 号、7 号、8 号和 9 号发泡剂中且大小顺序为 9 号 > 7 号 > 8 号 > 6 号；亚甲基碳含量顺序为 9 号 > 10 号 > 7 号 > 8 号 > 6 号；季碳存在于 6 号、7 号、8 号和 9 号发泡剂中且大小顺序为 9 号 > 8 号 > 7 号 > 6 号；与 N、O、S 及卤族元素相连的甲基碳含量顺序为 9 号 > 7 号 > 10 号 > 8 号 > 6 号；与 N、O、S 及卤族元素相连的次甲基碳顺序为 6 号 > 8 号 > 10 号 > 7 号 > 9 号；环内氧接脂碳存在于 6 号、8 号、9 号和 10 号发泡剂中且含量顺序为 6 号 > 10 号 > 8 号 > 9 号；芳香碳存在于 6 号、7 号、8 号和 9 号发泡剂中且含量顺序为 6 号 > 8 号 > 7 号 > 9 号；羧基碳在 6 号~10 号发泡剂中均不存在；羰基碳存在于 6 号、7 号、8 号和 10 号发泡剂中且含量顺序为 6 号 > 8 号 > 10 号 > 7 号。

（4）对硫酸盐型发泡剂而言，脂甲基碳含量顺序为 13 号 > 12 号 > 14 号 > 15 号 > 11 号；芳甲基碳存在于 11 号、12 号、14 号和 15 号发泡剂中且大小顺序为 12 号 > 14 号 > 11 号 > 15 号；亚甲基碳含量顺序为 12 号 > 13 号 > 14 号 > 15 号 > 11 号；季碳存在于 11 号、13 号和 15 号发泡剂中且大小顺序为 13 号 > 15 号 > 11 号；与 N、O、S 及卤族元素相连的甲基碳含量顺序为 13 号 > 14 号 > 12 号 > 15 号 > 11 号；与 N、O、S 及卤族元素相连的次甲基碳存在于 11 号、12 号、13 号和 14 号发泡剂中且顺序为 11 号 > 14 号 > 12 号 > 13 号；环内氧接脂碳在 11 号~15 号发泡剂中均不存在；芳香碳存在于 11 号、12 号、14 号和 15 号发泡剂中且含量顺序为 15 号 > 11 号 > 14 号 > 12 号；羧基碳在 11 号~15 号发泡剂中均不存在；羰基碳存在于 11 号、12 号、13 号和 15 号发泡剂中且含量顺序为 11 号 > 15

号 > 12 号 > 13 号。

（5）对甜菜碱型发泡剂而言，脂甲基碳含量顺序为 17 号 > 16 号 > 18 号 > 20 号 > 19 号；芳甲基碳在 16 号~20 号发泡剂中均不存在；亚甲基碳含量顺序为 17 号 > 16 号 > 18 号 > 20 号 > 19 号；季碳存在于 16 号、18 号、19 号和 20 号发泡剂中且大小顺序为 16 号 > 18 号 > 20 号 > 19 号；与 N、O、S 及卤族元素相连的甲基碳含量顺序为 17 号 > 18 号 > 20 号 > 16 号 > 19 号；与 N、O、S 及卤族元素相连的次甲基碳存在于 16 号、17 号和 20 号发泡剂中且顺序为 20 号 > 16 号 > 17 号；环内氧接脂碳含量顺序为 19 号 > 18 号 > 20 号 > 16 号 > 17 号；芳香碳在 16 号~20 号发泡剂中均不存在；羧基碳存在于 16 号、18 号、19 号和 20 号发泡剂中且顺序为 19 号 > 18 号 > 20 号 > 16 号；羰基碳含量顺序为 19 号 > 20 号 > 18 号 > 16 号 > 17 号。

2.2.4.2 碳链结构对发泡剂发泡能力影响分析

A 不同类型碳与发泡剂发泡能力关系分析

通过对比分析发泡剂发泡能力测定实验和发泡剂碳链结构测定实验的实验结果可以得出，羧酸盐型、氧化胺型、硫酸盐型和甜菜碱型四种不同类型的发泡剂发泡能力和不同类型碳含量的关系均表现出如下规律：

（1）发泡能力较强的发泡剂，其所含的脂甲基碳、芳甲基碳、亚甲基碳、季碳以及与 N、O、S 及卤族元素相连的甲基碳含量也均较大，这说明，随着上述 5 种碳含量的增多，发泡剂的发泡能力也逐渐增强，因此，为了保证发泡剂的发泡效果，在选择或合成发泡剂时应保证上述 5 种碳含量保持在较高水平。

（2）发泡能力较弱的发泡剂，其所含的与 N、O、S 及卤族元素相连的次甲基碳、环内氧接脂碳、芳香碳、羧基碳以及羰基碳含量均较大，这说明，随着上述 5 种碳含量的增多，发泡剂的发泡能力逐渐减弱，因此，为了保证发泡剂的发泡效果，在选择或合成发泡剂时应尽量降低上述 5 种碳的含量。

B 不同类型碳对发泡剂发泡能力影响因子分析

为了进一步得出上述 10 种不同类型碳对发泡剂发泡能力的影响

程度大小，本书采用如下方法对其进行了分析（以脂甲基碳为例进行说明）：找出羧酸盐型发泡剂中脂甲基含量最大和最小的两种发泡剂分别为 1 号和 2 号发泡剂，其脂甲基含量分别为 8.83% 和 4.16%，两种发泡剂对应的发泡体积分别为 450mL 和 270mL，通过计算得出 1 号和 2 号发泡剂脂甲基含量变化率为 112.26%，对应的泡沫体积变化率为 66.67%，则羧酸盐型发泡剂中脂甲基碳对发泡剂发泡能力的影响因子为 66.67%/112.26% = 0.59。采用该方法分别得出氧化胺型、硫酸盐型和甜菜碱型发泡剂中脂甲基碳的影响因子，最终将得出的四个影响因子取平均值，该值即为脂甲基碳对发泡剂发泡能力的综合影响因子，按上述方法，依次得出其他 9 种不同类型碳的综合影响因子，在此基础上，分析不同类型碳对发泡剂综合影响程度大小顺序，具体结果如图 2.6 和表 2.27 所示（注：C1～C10 含义与表 2.26 相同）。

由图 2.6 可知：

（1）对羧酸盐型发泡剂而言，所含的 9 种碳对其发泡能力影响程度大小顺序为亚甲基碳 > 与 N、O、S 及卤族元素相连的甲基碳 > 季碳 > 脂甲基碳 > 环内氧接脂碳 > 与 N、O、S 及卤族元素相连的次甲基碳 > 芳甲基碳 > 羧基碳 > 芳香碳，对应的影响因子分别为 1.64、1.01、0.85、0.59、0.54、0.52、0.43、0.19、0.11。

（2）对氧化胺型发泡剂而言，所含的 9 种碳对其发泡能力影响程度大小顺序为季碳 > 亚甲基碳 > 脂甲基碳 > 芳甲基碳 > 与 N、O、S 及卤族元素相连的次甲基碳 > 与 N、O、S 及卤族元素相连的甲基碳 > 环内氧接脂碳 > 羧基碳 > 芳香碳，对应的影响因子分别为 2.46、1.43、1.42、0.75、0.74、0.39、0.15、0.12、0.07。

（3）对硫酸盐型发泡剂而言，所含的 8 种碳对其发泡能力影响程度大小顺序为季碳 > 亚甲基碳 > 芳甲基碳 > 与 N、O、S 及卤族元素相连的甲基碳 > 脂甲基碳 > 与 N、O、S 及卤族元素相连的次甲基碳 > 芳香碳 > 羧基碳，对应的影响因子分别为 2.15、1.47、1.10、1.04、0.58、0.50、0.33、0.28。

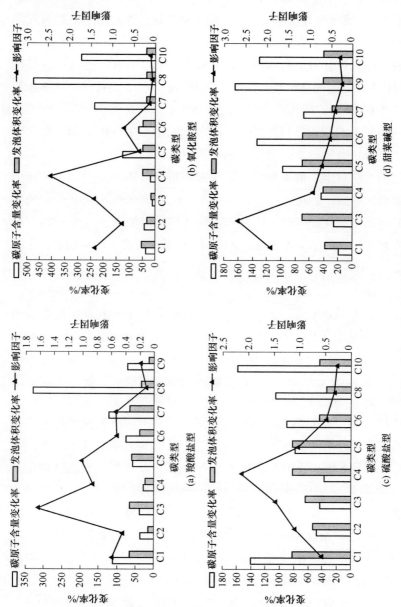

图 2.6　不同类型碳对发泡剂发泡能力影响因子

　　(4) 对甜菜碱型发泡剂而言, 所含的 8 种碳对其发泡能力影响程度大小顺序为亚甲基碳 > 脂甲基碳 > 季碳 > 与 N、O、S 及卤族元素相连的甲基碳 > 与 N、O、S 及卤族元素相连的次甲基碳 > 环内氧接脂碳 > 羰基碳 > 羧基碳, 对应的影响因子分别为 2.71、1.93、0.93、0.72、0.52、0.42、0.31、0.25。

　　将 10 种不同类型碳对不同类型发泡剂发泡能力影响因子取平均值进行比较, 从而得出 10 种不同类型碳的综合影响因子, 见表 2.27。

表 2.27　不同类型碳综合影响因子

碳类型	C_1	C_2	C_3	C_4	C_5	C_6	C_7	C_8	C_9	C_{10}
综合影响因子	1.13	0.76	1.81	1.6	0.79	0.57	0.37	0.17	0.22	0.24

　　由表 2.27 可知:

　　(1) 发泡剂分子中所含的脂甲基碳、芳甲基碳、亚甲基碳、季碳, 以及与 N、O、S 及卤族元素相连的甲基碳 5 种对发泡能力有增效作用的碳, 对 4 类发泡剂发泡能力增效程度顺序为亚甲基碳 > 季碳 > 脂甲基碳 > 与 N、O、S 及卤族元素相连的甲基碳 > 芳甲基碳, 对应的综合影响因子分别为 1.81、1.6、1.13、0.79、0.76;

　　(2) 发泡剂分子中所含的与 N、O、S 及卤族元素相连的次甲基碳、环内氧接脂碳、芳香碳、羧基碳及羰基碳 5 种对发泡能力有抑制作用的碳, 对 4 类发泡剂发泡能力抑制程度顺序为与 N、O、S 及卤族元素相连的次甲基碳 > 环内氧接脂碳 > 羰基碳 > 羧基碳 > 芳香碳, 其综合影响因子分别为 0.57、0.37、0.24、0.22、0.17。

　　通过上述分析得出的发泡剂碳类型对其发泡能力的影响规律见表 2.28。

表 2.28　发泡剂所含碳类型及不同类型碳对发泡能力影响情况表

所含碳类型名称	对发泡能力影响	影响因子
脂甲基碳	促进发泡	1.13
芳甲基碳	促进发泡	0.76
亚甲基碳	促进发泡	1.81

续表 2.28

所含碳类型名称	对发泡能力影响	影响因子
季碳	促进发泡	1.6
与 N、O、S 及卤族元素相连的甲基碳	促进发泡	0.79
与 N、O、S 及卤族元素相连的次甲基碳	抑制发泡	0.57
环内氧接脂碳	抑制发泡	0.37
芳香碳	抑制发泡	0.17
羧基碳	抑制发泡	0.22
羰基碳	抑制发泡	0.24

综上所述，通过该部分研究得出以下结论：

选择发泡能力高的发泡剂单体时，应选择分子中脂甲基碳、芳甲基碳、亚甲基碳、季碳，以及与 N、O、S 及卤族元素相连的甲基碳 5 种对发泡能力有促进作用的碳含量较多的发泡剂，在通过改变发泡剂分子结构以提高其发泡能力时，应增加其碳链中上述 5 种碳的含量。且增加上述 5 种类型碳含量对发泡能力的改进，按影响程度大小顺序为亚甲基碳 > 季碳 > 脂甲基碳 > 与 N、O、S 及卤族元素相连的甲基碳 > 芳甲基碳。

选择发泡能力高的发泡剂单体时，还应选择分子中所含的与 N、O、S 及卤族元素相连的次甲基碳、环内氧接脂碳、芳香碳、羧基碳、羰基碳 5 种对发泡能力有抑制作用的碳含量低的发泡剂，在通过改变发泡剂分子结构以提高其发泡能力时，应降低其碳链中上述 5 种类型碳含量。且降低上述 5 种类型碳含量对发泡剂改进影响程度大小顺序为与 N、O、S 及卤族元素相连的次甲基碳 > 环内氧接脂碳 > 羰基碳 > 羧基碳 > 芳香碳。

2.3 发泡剂剪切黏度与发泡能力关系测定实验

2.3.1 常用流变学定义

（1）储能模量。储能模量又称为弹性模量，是指材料发生形变时，由于弹性（可逆）形变而储存能量的大小，反映材料弹性大小。

（2）损耗模量。损耗模量又称为黏性模量，是指材料在发生形变时，由于黏性（不可逆）形变而损耗的能量大小，反映材料的黏性大小。

（3）线性黏弹区。线性黏弹区就是指在某一区间内，应力与应变呈线性关系[42~49]，即施加的应力能产生成比例的应变：应力增大1倍，应变增大1倍。例如：一根橡皮筋在被拉伸一定幅度松开以后可以恢复到原来的长度，但如果拉升幅度过大，皮筋将会被拉断，此时物质就发生质的改变，这个没有被拉断的范围就称为线性黏弹区。由于只有在线性黏弹区的测量才可以获得物质的特性常数，必须首先确定线性黏弹区，以选择合适的应力或应变，使蠕变回复和动态震荡实验在线性黏弹区内进行且产生的响应足够大。一般认为，储能模量和损耗模量随应变增大不变时，材料的结构没有被破坏，即处于线性黏弹区内；储能模量和损耗模量随应变发生改变时，则超出了线性黏弹区。

2.3.2 实验仪器及方法

本次实验采用的仪器为英国马尔文仪器有限公司的 Kinexus 旋转流变仪（图2.7）进行，实验时将1号~20号发泡剂配制成浓度为1%

图2.7 Kinexus 旋转流变仪实物图

的溶液，保证实验样品浓度相同，先进行振幅扫描确定发泡剂的线性黏弹区，从而找出适合频率扫描实验的应变范围，之后进行频率扫描，得出发泡剂在不同频率时的剪切黏度，然后进行对比分析。

2.3.3　实验结果分析

2.3.3.1　发泡剂黏度测定实验结果分析

A　振幅扫描

实验时，将实验频率确定为 1Hz 并保持不变，测量应变范围在 0.1%~99% 时 1 号~20 号发泡剂的储能模量，通过观察储能模量随应变的变化情况得出适合频率扫描的应变范围，测试结果如图 2.8 所示。

由实验结果可知：

（1）当应变从 0.1%~99.98% 逐渐增加时，1 号、2 号、3 号、5 号、7 号、9 号、11 号、13 号、14 号、15 号、18 号、19 号、20 号发泡剂的储能模量和损耗模量始终没有发生大的改变，说明，上述几种发泡剂在应变达到 99.98% 时仍然处于其线性黏弹区内，上述发泡剂进行频率扫描实验时可以在应变为 0.1%~99.98% 范围内任意取应变值。

（2）当应变从 0.1%~99.98% 逐渐增加时，4 号、6 号、8 号、10 号、12 号、16 号、17 号发泡剂的储能模量和损耗模量均发生了改变且发生改变的应变值分别为 39.79%、10%、10%、39.79%、15.85%、25.12%、10%，因此，通过对比可知，当应变在 10% 以下进行剪切时，1 号~20 号发泡剂可均处于线性黏弹区内。

B　频率扫描

根据上述实验结果，将频率扫描的应变定为 5%，频率选择 10~0.1Hz，从而得出 1 号~20 号发泡剂在不同剪切频率条件下的剪切黏度，具体实验结果如图 2.9 所示。

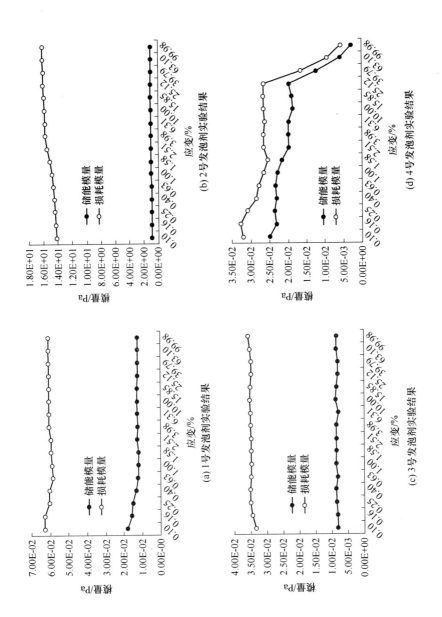

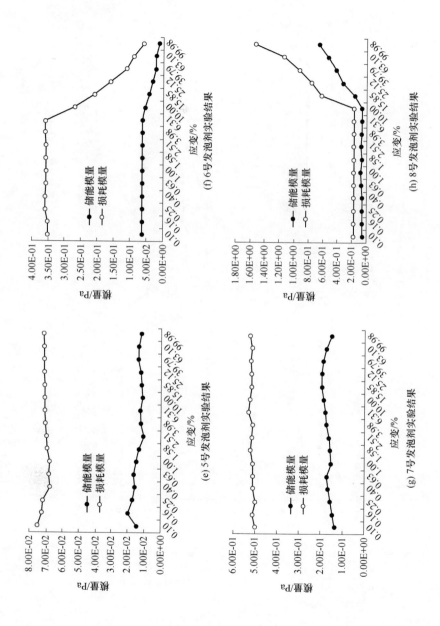

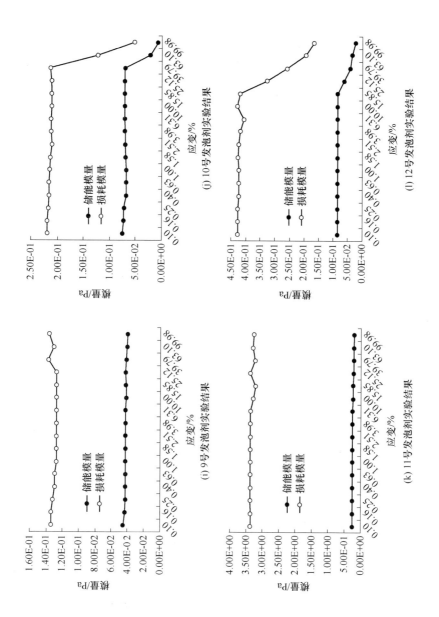

(i) 9号发泡剂实验结果

(i) 10号发泡剂实验结果

(k) 11号发泡剂实验结果

(l) 12号发泡剂实验结果

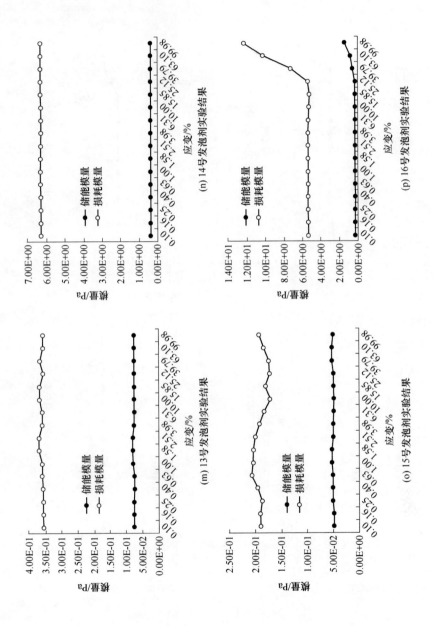

(m) 13号发泡剂实验结果

(n) 14号发泡剂实验结果

(o) 15号发泡剂实验结果

(p) 16号发泡剂实验结果

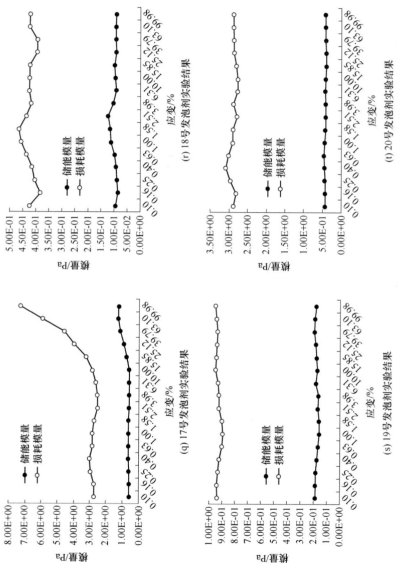

图 2.8 1 号 ~ 20 号发泡剂振幅扫描实验结果

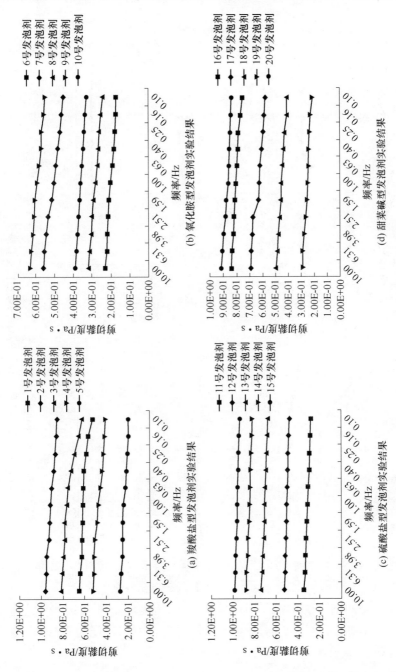

图 2.9　1 号～20 号发泡剂剪切黏度实验结果

由图 2.9 可知，羧酸盐型发泡剂中 1 号~5 号发泡剂剪切黏度大小顺序为 2 号 > 3 号 > 1 号 > 4 号 > 5 号，对应的各频率平均剪切黏度分别为 0.91Pa·s、0.74Pa·s、0.60Pa·s、0.46Pa·s、0.23Pa·s；氧化胺型发泡剂 6 号~10 号剪切黏度大小顺序为 9 号 > 7 号 > 10 号 > 8 号 > 6 号，对应的各频率平均剪切黏度分别为 0.59Pa·s、0.50Pa·s、0.36Pa·s、0.28Pa·s、0.20Pa·s；硫酸盐型发泡剂 11 号~15 号的剪切黏度大小顺序为 15 号 > 14 号 > 13 号 > 12 号 > 11 号，对应的各频率平均剪切黏度分别为 0.96Pa·s、0.85Pa·s、0.71Pa·s、0.50Pa·s、0.31Pa·s；甜菜碱型发泡剂 16 号~20 号的剪切黏度大小顺序为 20 号 > 16 号 > 17 号 > 18 号 > 19 号，对应的各频率平均剪切黏度分别为 0.87Pa·s、0.80Pa·s、0.63Pa·s、0.45Pa·s、0.25Pa·s。

2.3.3.2 发泡剂黏度对发泡能力影响分析

通过对比四种不同类型发泡剂发泡能力测定结果和剪切黏度测定结果，找出发泡能力与剪切黏度之间的对应关系，如图 2.10 所示。

由实验结果可以得出以下结论：对羧酸盐型发泡剂而言，当剪切黏度从 0.23Pa·s 逐渐增加到 0.91Pa·s 时，泡沫体积呈现出先增加后减小的趋势，且最大泡沫体积出现在剪切黏度为 0.6Pa·s 位置，这说明，当剪切黏度为 0.6Pa·s 时更利于发泡剂发泡；对氧化胺型发泡剂而言，当剪切黏度从 0.2Pa·s 逐渐增加到 0.59Pa·s 时，泡沫体积逐渐增大并在 0.59Pa·s 附近趋于平稳，最大发泡体积出现在剪切黏度为 0.59Pa·s 位置处；对硫酸盐型发泡剂而言，当剪切黏度从 0.31Pa·s 逐渐增加到 0.96Pa·s 时，泡沫体积随之先增大后减小，并且最大泡沫体积出现在 0.71Pa·s 位置处；对甜菜碱型发泡剂而言，当剪切黏度从 0.25Pa·s 增加到 0.87Pa·s 时，泡沫体积随之先增加后减小，最大泡沫体积出现在剪切黏度为 0.63Pa·s 位置处。

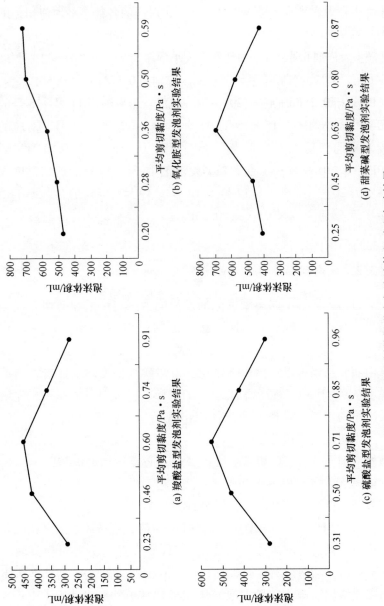

图 2.10 发泡剂剪切黏度与泡沫体积对比实验结果

综上所述，目前使用的发泡剂溶液浓度为1%时，剪切黏度范围一般在0.2~0.96Pa·s之间，在此区间内发泡能力随剪切黏度增加呈现出先增加后减小的趋势，且当发泡剂黏度在0.59~0.71Pa·s时最有利于发泡。因此，对发泡剂进行改进或优选时，应使其浓度在1%时剪切黏度位于0.59~0.71Pa·s，发泡能力最佳。

2.4 泡沫除尘剂配方研发

2.4.1 泡沫除尘剂、发泡剂配方研发

2.4.1.1 实验材料的选取

通过查阅国内外有关泡沫除尘、泡沫灭火、泡沫混凝土、泡沫驱油及泡沫浮选[50~87]五大领域所选用的发泡剂的专利及相关学术书籍，对目前国内外上述五大领域采用的典型发泡剂种类进行了总结。见表2.29。

表2.29 目前国内外常用发泡剂基本情况

应用领域	应用的典型发泡剂	亲水基类型
泡沫除尘	油酸钾、N-N双脂肪酰基二铵二乙酸二聚氧乙烯醚双羧酸盐、萘磺酸甲醛缩合物钠盐、烷基酚聚氧乙烯醚、十二烷基硫酸钠、α-烯烃磺酸盐、三聚磷酸钠、烷基糖苷、2-乙基己基琥珀酸酯磺酸钠	磺酸盐型、硫酸盐型、醚型、磷酸盐型、羧酸盐型、糖苷型
泡沫灭火	全氟己烷甜菜碱两性表面活性剂、3-三聚环氧六氟丙烷酰胺基丙基甜菜碱、8-3-9氟碳-碳氢柔桥混链双季铵、雷米邦A、十二烷基乙氧基甜菜碱、十二烷基磺丙基甜菜碱、十二烷基羟丙基磺基甜菜碱、烷基葡萄糖酰胺	甜菜碱型、氧化胺型、羧酸盐型
泡沫混凝土	邻苯二甲酸烷基磺酸盐、单脂肪醇酯钠盐、脂肪醇硫酸盐、烷基醇聚氧乙烯硫酸钠、烷基苯磺酸钠、椰子油脂肪酸二羟甲基酰胺、苯磺酸盐甲醛缩合物、聚乙二醇辛基苯基醚、十六烷基乙氧基磺基甜菜碱、月桂基硫酸钠、十二烷基二甲基氧化胺	羧酸盐型、磺酸盐型、氧化胺型、硫酸盐型

续表 2.29

应用领域	应用的典型发泡剂	亲水基类型
泡沫驱油	椰子油烷醇酰胺、脂肪酸单乙醇酰胺、椰子油二乙醇胺、烷基二羧乙基咪唑啉、双烷基二苯醚磺酸盐、全氟烷基甜菜碱、全氟磺基甜菜碱、全氟羧基甜菜碱、十二烷基氯化铵、十八烷基溴化铵、双十八烷基二甲基氯化铵、壬基苯酚聚氧乙烯醚磺酸钠、石油醚、椰油酰胺丙基甜菜碱、芳基烷基醇聚氧乙烯醚、N-十二烷基氨基羧酸钠	氧化胺型、咪唑啉型、磺酸盐型、醚型、羧酸盐型
泡沫浮选	烷基醇硫酸钠、十二烷基苯磺酸钠、脂肪酸钠、萘磺酸钠、乙醇胺、烷基磺酸钠、烷基硫酸酯钠盐、聚氧乙烯醚硫酸钠、α-烯烃硫酸盐、木质素磺酸盐	硫酸盐型、磺酸盐型、羧酸盐型、氧化胺型

由上可知，目前国内外泡沫除尘、泡沫灭火剂、泡沫混凝土、泡沫驱油及泡沫浮选五大发泡剂使用领域所使用的发泡剂按亲水基类型进行分类主要有硫酸盐型、磺酸盐型、羧酸盐型、氧化胺型、甜菜碱型、咪唑啉型、磷酸盐型、醚型和糖苷型九大类。在此基础上，根据本书得出的发泡剂分子碳链结构及剪切黏度对发泡能力影响规律，对表 2.29 中国内外发泡剂进行了优选，优选出了 3 种发泡剂单体进行泡沫除尘剂配方研发，分别编号为 FD1、FD2、FD3。

2.4.1.2　优选的发泡剂单体基本参数测定

对优选出的 3 种发泡剂单体的分子碳链结构、发泡能力以及浓度为 1% 时的剪切黏度等参数进行测定，具体测定结果见表 2.30~表 2.32 和图 2.11~图 2.13。

（1）由图 2.11 和表 2.30 可知：FD1 发泡剂含有促进发泡能力的脂甲基碳、芳甲基碳、亚甲基碳、季碳，与 N、O 等相连接的甲基碳 5 种碳，且对应的含量分别为 8.96%、6.69%、63.34%、8.44%、8.22%；含有抑制发泡能力与 N、O 等相连的次甲基碳、环内氧接脂碳、芳香碳 3 种碳，且对应的含量分别为 1.16%、2.06% 和 1.13%。

表 2.30　FD1 发泡剂¹³C-NMR 峰值数据分析结果

序号	化学位移/×10⁻⁶	相对强度	占总碳百分比/%	碳原子归属
1	13.2161	295.8276	5.53	脂甲基碳
2	13.9657	183.3065	3.43	脂甲基碳
3	18.7288	357.6271	6.69	芳甲基碳
4	23.3968	396.5832	7.42	亚甲基碳
5	25.1537	326.6374	6.11	亚甲基碳
6	25.8755	351.7259	6.58	亚甲基碳
7	26.3911	332.8361	6.22	亚甲基碳
8	30.8568	287.3955	5.37	亚甲基碳
9	31.6619	375.9633	7.03	亚甲基碳
10	32.5344	369.8362	6.92	亚甲基碳
11	33.4109	372.5963	6.97	亚甲基碳
12	35.1638	299.6781	5.60	亚甲基碳
13	35.8817	273.6329	5.12	亚甲基碳
14	37.3213	175.0687	3.27	季碳
15	43.0363	276.3582	5.17	季碳
16	58.5116	439.6325	8.22	与 N、O 等相连的甲基碳
17	62.3665	62.1005	1.16	与 N、O 等相连的次甲基碳
18	83.7511	110.132	2.06	环内氧接脂碳
19	126.421	60.3145	1.13	芳香碳

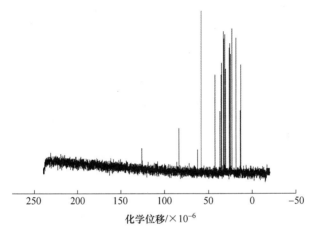

图 2.11　FD1 发泡剂碳谱图

（2）由图 2.12 和表 2.31 可知：FD2 发泡剂含有促进发泡能力的脂甲基碳，亚甲基碳，季碳，与 N、O 等相连的甲基碳 4 种碳，且对应的含量分别为 9.26%、65.77%、12.53%、7.54%；含有抑制发泡能力的与 N、O 等相连的次甲基碳，羧基碳 2 种碳，且含量依次为3.09%和1.81%。

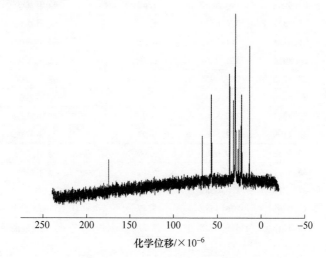

图 2.12 FD2 发泡剂碳链结构测定结果

表 2.31 FD2 发泡剂 ^{13}C-NMR 峰值数据分析结果

序号	化学位移/×10^{-6}	相对强度	占总碳百分比/%	碳原子归属
1	13.8982	263.1587	9.26	脂甲基碳
2	22.7543	148.3596	5.22	亚甲基碳
3	23.3968	172.6872	6.08	亚甲基碳
4	23.5752	197.5321	6.95	亚甲基碳
5	25.8636	165.2683	5.81	亚甲基碳
6	26.6965	75.3968	2.65	亚甲基碳
7	29.5758	115.6327	4.07	亚甲基碳
8	29.7027	187.8233	6.61	亚甲基碳
9	29.8216	126.5369	4.45	亚甲基碳

序号	化学位移/×10⁻⁶	相对强度	占总碳百分比/%	碳原子归属
10	30.0199	338.2576	11.90	亚甲基碳
11	30.131	211.4582	7.44	亚甲基碳
12	32.1259	130.4238	4.59	亚甲基碳
13	36.0482	165.6327	5.83	季碳
14	36.5123	190.3335	6.70	季碳
15	57.2504	71.0896	2.50	与 N、O 等相连的甲基碳
16	57.5875	143.3875	5.04	与 N、O 等相连的甲基碳
17	67.9585	87.915	3.09	与 N、O 等相连的次甲基碳
18	175.445	51.365	1.81	羧基碳

（3）由图 2.13 和表 2.32 可知：FD3 发泡剂含有促进发泡能力的脂甲基碳，芳甲基碳，亚甲基碳，季碳，与 N、O 等相连接的甲基碳 5 种碳，且对应的含量为 7.96%、7.08%、61.05%、8.01%、8.42%；含有抑制发泡能力的与 N、O 等相连的次甲基碳，芳香碳，羧基碳 3 种碳且对应的含量依次为 2.55%、2.13%、2.80%。

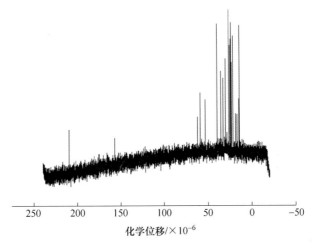

化学位移/×10⁻⁶

图 2.13　FD3 发泡剂碳链结构测定结果

表 2.32　FD3 发泡剂 ^{13}C-NMR 峰值数据分析结果

序号	化学位移/×10^{-6}	相对强度	占总碳百分比/%	碳原子归属
1	15.1277	253.7762	7.96	脂甲基碳
2	17.769	109.8376	3.45	芳甲基碳
3	19.1809	115.6822	3.63	芳甲基碳
4	22.3259	238.9635	7.50	亚甲基碳
5	23.8766	186.6327	5.85	亚甲基碳
6	24.3922	256.5781	8.05	亚甲基碳
7	24.8562	225.9835	7.09	亚甲基碳
8	26.1729	223.6538	7.02	亚甲基碳
9	26.8511	276.8362	8.68	亚甲基碳
10	30.5355	196.2583	6.16	亚甲基碳
11	33.2839	162.6852	5.10	亚甲基碳
12	35.5961	178.7962	5.61	亚甲基碳
13	39.8992	255.3687	8.01	季碳
14	53.5263	128.6995	4.04	与 N、O 等相连的甲基碳
15	59.5229	139.5673	4.38	与 N、O 等相连的甲基碳
16	62.7115	81.3962	2.55	与 N、O 等相连的次甲基碳
17	157.629	67.8536	2.13	芳香碳
18	209.786	89.3879	2.80	羰基碳

　　将 FD1、FD2 、FD3 发泡剂中含有的促进发泡能力碳的含量与 1 号~20 号发泡剂内含有的促进发泡能力碳的含量进行对比，对比结果见表 2.33。

表 2.33　1 号~20 号发泡剂单体与优选的 3 种发泡剂
单体分子中促进发泡能力的碳含量对比

编号	促进发泡能力的碳含量/%	编号	促进发泡能力的碳含量/%
FD1	95.65	10 号	77.55
FD2	95.10	11 号	61.77
FD3	92.53	12 号	77.11
1 号	87.75	13 号	87.03
2 号	55.88	14 号	72.84
3 号	58.87	15 号	76.40
4 号	83.48	16 号	76.41
5 号	63.24	17 号	85.34
6 号	64.87	18 号	74.76
7 号	83.80	19 号	66.02
8 号	69.85	20 号	69.75
9 号	89.24		

对 FD1、FD2、FD3 发泡剂单体的临界胶束浓度、发泡体积及浓度为 1% 时剪切黏度进行了测定，测定结果见表 2.34。

表 2.34　优选的 3 种发泡剂单体基本参数测定结果

编　　号	临界胶束浓度/%	剪切黏度/Pa·s	发泡体积/mL
FD1	0.5	0.62	830
FD2	0.3	0.66	790
FD3	0.6	0.65	750

通过表 2.33 和表 2.34 可知：

（1）筛选出的 FD1、FD2、FD3 发泡剂所含的促进发泡能力的碳含量均高于 1 号~20 号发泡剂所含的促进发泡能力的碳含量且均在 90% 以上。

（2）筛选出的 FD1、FD2、FD3 发泡剂溶液在浓度为 1% 时的剪切黏度均处本书提出的最优剪切黏度范围内。

（3）3 种发泡剂在改进 ROSS-Miles 实验中的发泡能力分别达到了 830mL、790mL 和 750mL，均超过了 1 号～20 号发泡剂的发泡能力，这也正好印证了 2.3 节和 2.4 节的实验结论。说明本书得出的发泡剂分子结构碳链结构与剪切黏度对发泡剂发泡能力影响的规律可正确指导发泡剂发泡能力的改进。

2.4.1.3   实验方案的设计

由于本书选择的发泡剂单体均为表面活性剂类发泡剂，为了得出发泡能力强的发泡剂配方，本书利用表面活性剂复配的方式使其产生协同效应[88~98]，从而提高其发泡能力。实验采用正交实验的方法，围绕 3 种发泡剂单体的临界胶束浓度设置水平，FD1 发泡剂水平分别为 0.1%、0.3%、0.5%、0.7%、0.9%，FD2 发泡剂水平分别为 0.1%、0.2%、0.3%、0.4%、0.5%，FD3 发泡剂水平分别为 0.2%、0.4%、0.6%、0.8%、1.0%，在对水平进行编号时为了避免人为因素的影响，不能按照浓度从低到高进行编号，本书采用抽签的方式对各水平进行编号，通过对比 3 种发泡剂在不同水平组合条件下的发泡能力得出一种发泡能力最强的发泡剂配方，正交实验的因素数和水平数见表 2.35。

表 2.35   正交实验因素水平表

水　平	FD1	FD2	FD3
1	0.3%	0.2%	0.4%
2	0.7%	0.5%	0.6%
3	0.1%	0.4%	1%
4	0.5%	0.3%	0.2%
5	0.9%	0.1%	0.8%

因素数和水平数设置完毕后，需要对实验用的正交表进行确定，该实验的因素数为 3，每个因素水平数为 5，因此需要设计一个 3 因素 5 水平的正交实验表进行实验，通过查询《试验设计与数据处理》[99]获得常用正交实验表。

2.4.1.4 实验结果分析

根据正交实验表中各因素的浓度配制溶液，采用改进 ROSS-Miles 法对溶液的发泡能力进行测定，具体实验结果见表 2.36 和图 2.14。

表 2.36 发泡剂单体正交实验结果

实验号	列 号			泡沫体积/mL
	FD1/%	FD2/%	FD3/%	
1	0.3	0.2	0.4	880
2	0.3	0.5	0.6	900
3	0.3	0.4	1	920
4	0.3	0.3	0.2	910
5	0.3	0.1	0.8	930
6	0.7	0.2	0.6	860
7	0.7	0.5	1	870
8	0.7	0.4	0.2	890
9	0.7	0.3	0.8	900
10	0.7	0.1	0.4	960
11	0.1	0.2	1	880
12	0.1	0.5	0.2	890
13	0.1	0.4	0.8	920
14	0.1	0.3	0.4	900
15	0.1	0.1	0.6	930
16	0.5	0.2	0.2	860
17	0.5	0.5	0.8	880
18	0.5	0.4	0.4	890
19	0.5	0.3	0.6	880
20	0.5	0.1	1	900
21	0.9	0.2	0.8	850
22	0.9	0.5	0.4	860
23	0.9	0.4	0.6	880
24	0.9	0.3	1	900
25	0.9	0.1	0.2	890

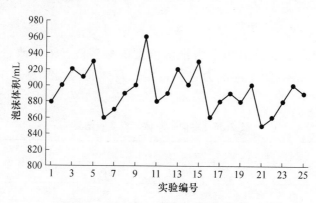

图 2.14   发泡剂单体正交实验结果

通过表 2.36 和图 2.14 可以得出：（1）复配后发泡剂的发泡体积得到了提升，3 种发泡剂单体的泡沫体积范围是 750~830mL，复配后发泡剂的泡沫体积范围为 850~960mL，发泡能力提高了 13% 左右。（2）通过对上述不同水平组合条件下泡沫体积进行对比，筛选出了 6 种发泡能力最强的发泡剂配方，6 种配方的基本情况见表 2.37。

表 2.37   正交实验得出的发泡剂配方

发泡剂配方编号	组成成分	泡沫体积/mL
配方一	0.3%的 FD1+0.4%的 FD2+1%的 FD3	920
配方二	0.3%的 FD1+0.3%的 FD2+0.2%的 FD3	910
配方三	0.3%的 FD1+0.1%的 FD2+0.8%的 FD3	930
配方四	0.7%的 FD1+0.1%的 FD2+0.4%的 FD3	960
配方五	0.1%的 FD1+0.4%的 FD2+0.8%的 FD3	920
配方六	0.1%的 FD1+0.1%的 FD2+0.6%的 FD3	930

2.4.2   泡沫除尘剂、稳泡剂配方研发

2.4.2.1   实验材料及方法

经过查阅国内外有关泡沫除尘、泡沫灭火、泡沫混凝土、泡沫

驱油及泡沫浮选五大领域选用的稳泡剂的专利及相关学术文献[50~87]，选定了 3 种稳泡效果最佳、应用最广泛、成本最低廉的稳泡剂进行实验。所选的 3 种稳泡剂均无毒、无害，编号分别为 W1、W2、W3，将上述实验得出的 6 种复配发泡剂分别命名为 F1、F2、F3、F4、F5、F6。实验时，将稳泡剂配制成浓度为 0.03%、0.07%、0.09%、0.12%、0.15%、0.2%、0.3%、0.5%的溶液，进而将 3 种稳泡剂分别与 6 种发泡剂进行复配，实验依然采用改进 ROSS-Miles 法进行，选取 0min 和 5min 泡沫体积的平均值作为实验指标，通过对比分析找出最佳复配组合，具体实验结果如图 2.15 ~ 图 2.17 所示。

2.4.2.2 实验结果分析

（1）添加 1 号稳泡剂时实验结果，见图 2.15。

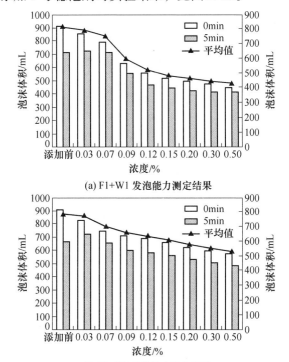

(a) F1+W1 发泡能力测定结果

(b) F2+W1 发泡能力测定结果

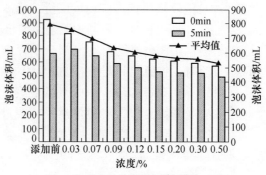

(c) F3+W1 发泡能力测定结果

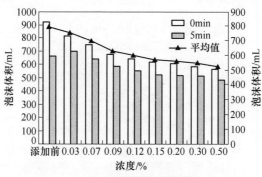

(d) F4+W1 发泡能力测定结果

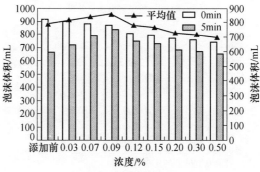

(e) F5+W1 发泡能力测定结果

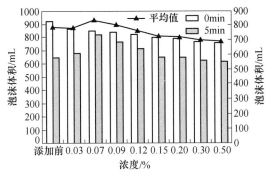

(f) F6+W1 发泡能力测定结果

图 2-15 1 号稳泡剂稳泡效果实验结果

（纵坐标：左表示柱状图；右表示曲线图）

（2）添加 2 号稳泡剂时实验结果，见图 2.16。

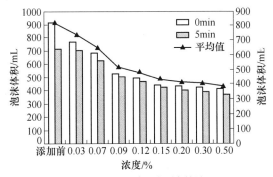

(a) F1+W2 发泡能力测定结果

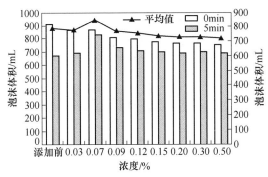

(b) F2+W2 发泡能力测定结果

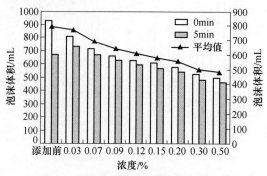

(c) F3+W2 发泡能力测定结果

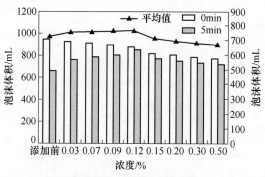

(d) F4+W2 发泡能力测定结果

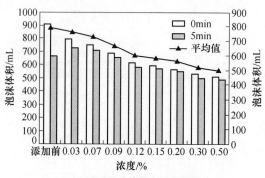

(e) F5+W2 发泡能力测定结果

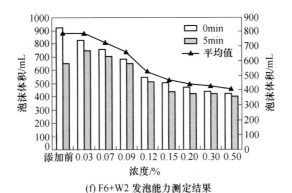

(f) F6+W2 发泡能力测定结果

图 2.16 2 号稳泡剂稳泡效果实验结果

（3）添加 3 号稳泡剂时实验结果，见图 2.17。

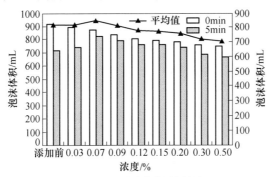

(a) F1+W3 发泡能力测定结果

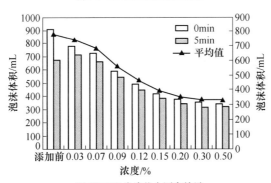

(b) F2+W3 发泡能力测定结果

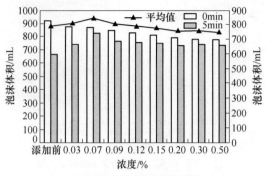

(c) F3+W3 发泡能力测定结果

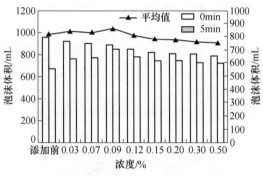

(d) F4+W3 发泡能力测定结果

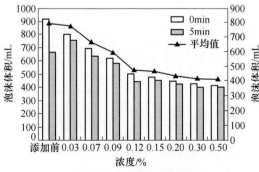

(e) F5+W3 发泡能力测定结果

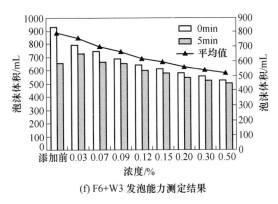

(f) F6+W3 发泡能力测定结果

图 2.17　3 号稳泡剂稳泡效果实验结果

通过实验得出以下结论：

（1）随着稳泡剂浓度的增大，0min 泡沫体积逐渐减少，这说明，加入稳泡剂以后对发泡剂的发泡能力起到了一定的抑制作用且随着稳泡剂浓度增加抑制作用逐渐增强。5min 泡沫体积基本呈现出先增大后减小的趋势，这是由于稳泡剂大大增加了泡沫的稳定性，使泡沫的消泡速率减缓，在稳泡剂浓度较低时，虽然稳泡剂对发泡剂发泡能力有一定程度的抑制作用但其对泡沫的稳定作用表现得更为明显，因此，5min 泡沫体积出现增大的趋势。但随着稳泡剂浓度增加，稳泡剂对发泡剂发泡能力的抑制作用增大，导致其发泡能力大大降低，此时虽然泡沫稳定性也较强但由于发泡能力大大降低导致 0min 泡沫体积大大减少，故而 5min 时泡沫体积也呈现出减小的趋势。

（2）以图 2.15~图 2.17 中 0min 和 5min 泡沫体积的平均值为指标进行研究，其中，F1+W1、F2+W1、F3+W1、F4+W1、F1+W2、F3+W2、F5+W2、F6+W2、F2+W3、F5+W3、F6+W3 十一种组合随着稳泡剂浓度增加，平均泡沫体积逐渐减小，即加入稳泡剂后泡沫的发泡能力被大大抑制，而稳泡效果较弱，远不能弥补发泡能力减弱降低的泡沫量；而 F5+W1、F6+W1、F2+W2、F4+W2、F1+W3、F3+W3、F4+W3 的泡沫体积平均值出现了先增高后降低的趋势，这说明，加入稳泡剂后在一定浓度范围内对泡沫的稳定作用大于对发泡能力的降低作用。

通过对比分析，最终优选出 0min 和 5min 平均泡沫体积最高的 6 种泡沫除尘剂配方，6 种泡沫除尘剂配方的组成及发泡、稳泡能力见表 2.38。

表 2.38　实验得出的 6 种泡沫除尘剂配方基本情况表

配方编号	组成成分	0min 泡沫体积 /mL	5min 泡沫体积 /mL	消泡率 /%
配方一	0.1% FD1 发泡剂单体、0.4% FD2 发泡剂单体、0.8% FD3 发泡剂单体、0.09% W1 稳泡剂单体	877	845	3.65
配方二	0.1% FD1 发泡剂单体、0.1% FD2 发泡剂单体、0.6% FD3 发泡剂单体、0.07% W1 稳泡剂单体	856	824	3.74
配方三	0.3% FD1 发泡剂单体、0.3% FD2 发泡剂单体、0.2% FD3 发泡剂单体、0.07% W1 稳泡剂单体	867	835	3.69
配方四	0.7% FD1 发泡剂单体、0.1% FD2 发泡剂单体、0.4% FD3 发泡剂单体、0.12% W1 稳泡剂单体	874	852	2.52
配方五	0.3% FD1 发泡剂单体、0.4% FD2 发泡剂单体、0.1% FD3 发泡剂单体、0.07% W1 稳泡剂单体	878	825	6.04
配方六	0.7% FD1 发泡剂单体、0.1% FD2 发泡剂单体、0.4% FD3 发泡剂单体、0.09% W1 稳泡剂单体	884	841	4.86

2.4.3 泡沫除尘剂与不同煤种煤尘润湿性测定实验

2.4.3.1 煤尘样品的采集和制备

A 煤尘样品的采集

实验选取了全国多个地区具有代表性的煤样，包括山东龙口煤、山东济宁煤、山东枣庄煤（两种）、山东巨野煤、山东肥城煤、陕西神木煤、山西大同煤、内蒙古鄂尔多斯煤、安徽淮北煤等共10种，严格按国家标准（B4 75—83）[100]进行采样，以保证煤样具代表性，根据研究的需要，将各地区不同煤质的煤样进行标号、破碎，制得实验煤尘（表2.39）。

表2.39 选取煤样种类及矿区名称

编号	煤种	采集地点
1号	褐煤	龙口矿业集团北皂煤矿
2号	长焰煤	神东煤炭集团大柳塔煤矿
3号	不黏煤	淄矿集团黄陶勒盖煤矿
4号	弱黏煤	同煤集团同家梁煤矿
5号	气煤	枣庄矿业集团滕东煤矿
6号	气肥煤	肥城矿业集团白庄煤矿
7号	1/3焦煤	枣庄矿业集团蒋庄煤矿
8号	肥煤	兖州矿业集团兴隆庄煤矿
9号	焦煤	皖北煤电集团五沟煤矿
10号	无烟煤	皖北煤电集团百善煤矿

B 煤尘样品的制备

实验选取武汉探矿机械XZM-100振动磨样机对煤块样品进行研磨，如图2.18所示。后将煤粉均经过280目标准筛子作为实验样品进行研究。

2.4.3.2　接触角测定方法

按照实验得出的 6 种泡沫除尘剂
配方配制溶液，并分别编号为 FAG1、
FAG2、FAG3、FAG4、FAG5、FAG6。
选用 DSA100 型光学法液滴形态分析系
统测定液体和煤的动态接触角。具体
操作步骤是[101~109]：取试验煤尘
200mg，用加压成型模具在 20MPa 压力
下形成直径 13mm、厚 1mm 具有压光
平面的圆柱体试片；待测样品放到测
试平台固定，安装好注射器；用 DSA
Device Control 控制面板控制针头的位
置、液滴的形状；按 Baseline Detective
测定基线后，按 Contact Angle 测定接

图 2.18　振动磨样机

触角，利用快速拍照，从初始到平衡，由仪器读出接触角的数值。
图 2.19 所示为连续拍照成型的某溶液在煤样表面的接触角随时间变
化的图像。该测量方法相对操作简单、仪器精度高、测量结果准确，
并且重现性好。

图 2.19　成型煤尘试样上的液滴形状

2.4.3.3　实验结果分析

泡沫除尘剂与不同煤种煤尘接触角测定实验结果见表 2.40 和
图 2.20。

表 2.40　接触角测定实验结果　　　　（°）

煤种	FAG1	FAG2	FAG3	FAG4	FAG5	FAG6	煤种接触角平均值
褐煤	16.33	13.28	20.59	16.55	24.16	28.11	19.84
长焰煤	31.21	19.48	25.92	20.36	22.27	30.22	24.91
不黏煤	22.46	17.3	34.62	26.26	26.93	37.26	27.47
弱黏煤	32.29	20.38	37.69	19.3	24.44	12.98	24.51
气煤	35.45	22.48	40.48	27.39	43.2	41.74	35.12
气肥煤	38.14	29.51	40.01	19.21	38.84	44.36	35.01
1/3 焦煤	40.69	31.92	44.05	21.85	37.47	16.36	32.06
肥煤	44.57	33.44	47.35	29.48	46.82	49.83	41.92
焦煤	48.08	39.29	50.29	38.77	50.4	51.2	46.34
无烟煤	57.43	40.59	56.76	51.42	59.48	59.47	54.19
平均值	36.67	26.77	39.78	27.06	37.40	37.15	

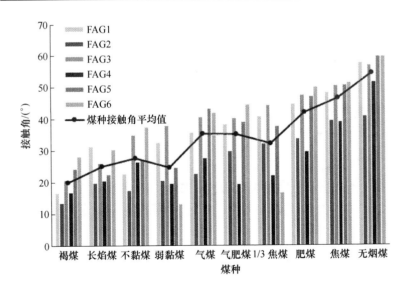

图 2.20　泡沫除尘剂与不同煤种煤尘接触角测定实验结果

通过实验结果可以得出以下结论：

（1）从褐煤到无烟煤随着煤种变质程度增高，泡沫除尘剂溶液在煤尘表面的接触角逐渐增大，这主要是因为高变质程度煤尘表面的芳香烃和脂肪烃等疏水基团比例较高，导致煤尘疏水性提高，从而导致煤尘润湿性变差，接触角增大。

（2）通过计算得出，FAG1、FAG2、FAG3、FAG4、FAG5、FAG6 对 10 种不同变质程度煤尘平均接触角大小分别为 36.67°、26.77°、39.78°、27.06°、37.40°、37.15°，大小顺序为 FAG3 > FAG5 > FAG6 > FAG1 > FAG4 > FAG2，这说明，总体而言，FAG2 对不同变质程度煤尘的润湿性较好，因此选择 FAG2 作为泡沫除尘剂的最终配方，即 FD1 发泡剂单体（质量浓度 0.1%）+FD2 发泡剂单体（质量浓度 0.1%）+ FD3 发泡剂单体（质量浓度 0.6%）+W1 稳泡剂单体（质量浓度 0.07%）。

2.4.4　泡沫除尘剂毒性鉴定

山东省职业卫生与职业病防治研究院对本书研发的 FAG2 泡沫除尘剂进行了急性经口毒性试验和急性经皮毒性试验，对其毒性进行了鉴定，以确保其在现场应用时不会对矿井工人造成伤害，具体鉴定报告参见有关文献。

经鉴定，大鼠急性经口半数致死量 $LD_{50} > 10000mg/kg$，大鼠经皮半数致死量 $LD_{50} > 5000mg/kg$，参考国家化学品毒性鉴定技术规范，两者均属实际无毒级别，鉴定结果表明，本书研发的 FAG2 泡沫除尘剂完全可以在矿井现场进行应用。

2.4.5　本书研发的新型泡沫除尘剂优点

（1）在发泡和稳泡能力方面，本书研发的新型泡沫除尘剂采用改进 ROSS-Miles 法实验，0min 泡沫体积可达 856mL，5min 泡沫体积达到了 824mL，5min 消泡率为 3.74%，在发泡和稳泡能力方面，与传统采用十二烷基硫酸钠、十二烷基苯磺酸钠、脂肪醇聚氧乙烯醚等常见发泡剂单体复配制得的泡沫除尘剂相比，均有一定程度的提高。

（2）润湿性方面，传统泡沫除尘剂在润湿性研究过程中一般只选用1~2种煤尘进行实验，煤种选用比较单一，本书研发的泡沫除尘剂在润湿性实验中选取了从褐煤到无烟煤10种不同变质程度的煤样进行考察，保证了研发的泡沫除尘剂润湿性更加全面，对不同煤种的润湿性均较佳。

（3）毒性方面，泡沫除尘剂作为一种化学品，其在使用过程中可能会对人体造成危害，而传统泡沫除尘剂在研发过程中大多未考虑这一关键因素。本书研发的泡沫除尘剂经过山东省职业卫生与职业病防治研究院鉴定后证实其毒性属于实际无毒级别，保证了其在使用过程中的安全性。

2.5 本章小结

（1）利用 BRUKER AVANCE Ⅲ500 液体核磁共振仪对发泡剂分子碳链所含碳类型及各类型碳含量进行了测定分析，结合发泡剂发泡能力测定实验结果得出如下结论：1）选择发泡能力高的发泡剂单体时应选择分子中脂甲基碳，芳甲基碳，亚甲基碳，季碳以及与N、O、S及卤族元素相连的甲基碳5种对发泡能力有促进作用的碳含量较多的发泡剂，在通过改变发泡剂分子结构以提高其发泡能力时，应增加其碳链中上述5种碳的含量。上述5种类型碳含量对发泡能力改进影响程度大小顺序为亚甲基碳＞季碳＞脂甲基碳＞与N、O、S及卤族元素相连的甲基碳＞芳甲基碳。2）选择发泡能力高的发泡剂单体时应选择分子中所含有的与N、O、S及卤族元素相连的次甲基碳，环内氧接脂碳，芳香碳，羧基碳，羰基碳5种对发泡能力有抑制作用的碳含量低的发泡剂，在通过改变发泡剂分子结构以提高其发泡能力时，应降低其碳链中上述5种类型碳含量。降低上述5种类型碳含量对发泡剂改进影响程度大小顺序为与N、O、S及卤族元素相连的次甲基碳＞环内氧接脂碳＞羰基碳＞羧基碳＞芳香碳。

（2）通过发泡剂溶液剪切黏度测定实验可知，对比发泡剂溶液剪切黏度测定实验和发泡能力测定实验的实验结果可知，目前使用的发泡剂溶液浓度为1%时，剪切黏度范围一般在 $0.2\sim0.96Pa\cdot s$ 之间，且此区间内发泡能力随剪切黏度增加呈现出先增加后减小的趋势，当发泡剂溶液黏度在 $0.59\sim0.71Pa\cdot s$ 时发泡效果最佳。

（3）通过发泡剂单体复配实验得出了 6 种组合作为最佳发泡剂组合配方，即质量浓度为 0.3% 的 FD1+质量浓度为 0.4% 的 FD2+质量浓度为 1% 的 FD3，发泡体积为 920mL；质量浓度为 0.3% 的 FD1+质量浓度为 0.3% 的 FD2+质量浓度为 0.2% 的 FD3，发泡体积为 910mL；质量浓度为 0.3% 的 FD1+质量浓度为 0.1% 的 FD2+质量浓度为 0.8% 的 FD3，发泡体积为 930mL；质量浓度为 0.7% 的 FD1+质量浓度为 0.1% 的 FD2+质量浓度为 0.4% 的 FD3，发泡体积为 960mL；质量浓度为 0.1% 的 FD1+质量浓度为 0.4% 的 FD2+质量浓度为 0.8% 的 FD3，发泡体积为 920mL；质量浓度为 0.1% 的 FD1+质量浓度为 0.1% 的 FD2+质量浓度为 0.6% 的 FD3，发泡体积为 930mL。

（4）通过泡沫除尘剂稳泡剂配方研发实验得出了 6 种泡沫除尘剂配方。配方一：质量浓度为 0.1% 的 FD1 发泡剂单体+质量浓度为 0.4% 的 FD2 发泡剂单体+质量浓度为 0.8% 的 FD3 发泡剂单体+质量浓度为 0.09% 的 W1 稳泡剂单体，0min 泡沫体积为 877mL，5min 泡沫体积为 845mL。配方二。质量浓度为 0.1% 的 FD1 发泡剂单体+质量浓度为 0.1% 的 FD2 发泡剂单体+质量浓度为 0.6% 的 FD3 发泡剂单体+质量浓度为 0.07% 的 W1 稳泡剂单体，0min 泡沫体积为 856mL，5min 泡沫体积为 824mL。配方三：质量浓度为 0.3% 的 FD1 发泡剂单体+质量浓度为 0.3% 的 FD2 发泡剂单体+质量浓度为 0.2% 的 FD3 发泡剂单体+质量浓度为 0.07% 的 W1 稳泡剂单体，0min 泡沫体积为 867mL，5min 泡沫体积为 835mL。配方四：质量浓度为 0.7% 的 FD1 发泡剂单体+质量浓度为 0.1% 的 FD2 发泡剂单体+质量浓度为 0.4% 的 FD3 发泡剂单体+质量浓度为 0.12% 的 W1 稳泡剂单体，0min 泡沫体积为 874mL，5min 泡沫体积为 852mL。配方五：质量浓度为 0.3% 的 FD1 发泡剂单体+质量浓度为 0.4% 的 FD2 发泡剂单体+质量浓度为 0.1% 的 FD3 发泡剂单体+质量浓度为 0.07% 的 W1 稳泡剂单体，0min 泡沫体积为 878mL，5min 泡沫体积为 825mL。配方六：质量浓度为 0.7% 的 FD1 发泡剂单体+质量浓度为 0.1% 的 FD2 发泡剂单体+质量浓度为 0.4% 的 FD3 发泡剂单体+质量浓度为 0.09% 的 W1 稳泡剂单体，0min 泡沫体积为 884mL，5min 泡沫体积为 841mL。

（5）通过不同煤种煤尘润湿性实验优选了一种对煤尘润湿性较好的配方作为泡沫除尘剂最终配方，即 FD1 发泡剂单体（质量浓度 0.1%）+FD2 发泡剂单体（质量浓度 0.1%）+ FD3 发泡剂单体（质量浓度 0.6%）+W1 稳泡剂单体（质量浓度 0.07%）。山东省职业卫生与职业病防治研究院对本书研发的泡沫除尘剂进行了急性经口毒性试验和急性经皮毒性试验，经鉴定，大鼠急性经口半数致死量 LD_{50} > 10000mg/kg，大鼠经皮半数致死量 LD_{50} > 5000mg/kg，参考国家化学品毒性鉴定技术规范，两者均属实际无毒级别。

3 矿用发泡器研发及泡沫-粉尘颗粒粒径耦合规律实验研究

本章设计一种矿用网式发泡器,并针对网式发泡器在井下风压和水压条件下发泡倍数低的缺点,采用参数优化实验对其结构参数进行优化以提高其发泡能力。研发一套电动式泡沫除尘剂溶液添加装置,并结合井下条件对其参数进行计算,形成一整套泡沫除尘系统。在此基础上,对泡沫除尘系统在不同工作参数条件下发泡量、发泡倍数和泡沫粒径三个发泡参数进行测定分析,通过泡沫-粉尘耦合沉降实验得出泡沫-粉尘颗粒粒径耦合规律,为对泡沫除尘系统现场应用提供指导。

3.1 发泡器发泡方式的确定

通过 1.2.2 小节中对目前常用发泡方式的特点分析可知,目前采用的五种发泡方式均可以产生高倍数泡沫,但区别在于:涡轮式发泡器的组件的制造相对复杂,成本较高且维修比较困难;网式发泡器结构简单、操作方便,但由于矿井综掘工作面风压和水压均较大导致发泡倍数较低;孔隙式发泡器和同心管式发泡器均由于煤矿井下水质较差、杂质多,导致在井下使用时易阻塞,实用性差;挡板式发泡器生成的泡沫均匀性不高、细腻度不够。

通过对比分析上述几种发泡器发泡方式的特点并结合矿井现场实际情况,在充分考虑发泡能力、产后泡沫的细腻程度、结构复杂程度、制作成本以及实用性等因素的基础上最终决定采用网式发泡作为发泡器的发泡方式,该类发泡器的不足之处在于在煤矿井下风压和水压较大的条件下导致其发泡倍数较低,为此,本章将在 3.3 节中在模拟井下风压和水压的条件下对影响其发泡效果的发泡参数进行优化,解决该问题。

3.2 泡沫除尘剂溶液添加系统研制

3.2.1 泡沫除尘剂溶液添加方式的选择

3.2.1.1 本书提出的添加方式简介

本书提出了4种泡沫除尘剂溶液添加方式，并结合井下实际情况对4种添加方式进行对比分析，最终优选出一种适用于井下的泡沫除尘剂添加方式。本书提出的4种泡沫除尘剂添加方式简介如下：

（1）利用风管增压添加。利用风管增压的添加方式是指在从发泡器风管上引出一条增压风管并将其连接到泡沫除尘剂溶液箱内部，工作时，利用增压风管产生的压力将泡沫除尘剂溶液箱内的泡沫除尘剂溶液压入水管内从而达到添加的目的，添加流量可以通过泡沫除尘剂溶液添加管上的阀门进行调节。

（2）利用水管增压添加。利用水管增压的添加方式工作原理是：从发泡器水管上引出一路增压水管，将增压水管通入泡沫除尘剂溶液箱体内部，泡沫除尘剂溶液箱体内有一个橡胶水袋，橡胶水袋内盛装有泡沫除尘剂溶液，增压水管内的高压水进入到泡沫除尘剂溶液箱体内后会充满箱体外壳与橡胶水袋之间的空隙，从而挤压橡胶水袋将橡胶水袋内的泡沫除尘剂溶液经过泡沫除尘剂添加管压入水管内达到添加的目的。

（3）利用液压马达添加。利用液压马达添加的工作原理是：利用综掘机自带的液压系统带动液压马达，液压马达与添加泵相连，液压马达带动液压泵，从而使液压泵完成吸液和加液的过程，同样利用泡沫除尘剂溶液添加管路上的流量阀控制添加量。

（4）利用电动计量泵添加。利用电动计量泵添加的原理是：利用电动计量泵将泡沫除尘剂溶液箱内的泡沫除尘剂溶液吸出并添加到水管内从而完成泡沫除尘剂溶液的添加工作，泡沫除尘剂溶液的添加量通过电动计量泵上的流量阀进行调节。

3.2.1.2 泡沫除尘剂溶液添加方式选择

对上述四种添加方式进行对比分析并结合矿井现场实际情况得

出以下结论：煤矿井下风管内风压一般在 0.5MPa，而水压一般在 1MPa 左右，因此，利用风管增压进行添加时由于风压小于水压，导致泡沫除尘剂溶液不能压入水管内，因此，利用风管进行增压添加的方式不可取；同样地，利用水管增压进行添加时由于两侧压力相等，导致储液箱内的泡沫除尘剂溶液不能被压出；利用液压马达进行添加的缺点在于添加系统结构复杂、维修困难、实用性较差；利用电动计量泵进行添加的好处在于该方法添加量易于控制，不受井下其他因素影响，此外，电动计量泵内设置有多重防阻塞装置，可有效解决矿井水杂质较多导致的阻塞问题。因此，通过对比分析，本书最终选择电动计量泵添加作为矿用发泡器的添加装置。

3.2.2 定量泵添加系统相关参数的确定

3.2.2.1 定量添加泵基本参数

定量添加泵参数主要应考虑添加出口压力和添加流量两个参数。通过调研得知，综掘工作面水管内水压一般在 1MPa 左右，因此，定量泵的添加压力应在 1MPa 以上。同时，目前泡沫除尘所需的泡沫流量一般在 30~100m^3/h，泡沫除尘剂发泡倍数为 50 倍左右，对应的泡沫除尘剂溶液为 0.6~2m^3/h，由于本书研发的泡沫除尘剂添加比例为 0.87%，则泡沫除尘剂原液添加量为 0.00522~0.0174m^3/h，即 5.22~17.4L/h，最终选择浙江爱力浦泵业有限公司生产的电动柱塞式计量泵，该泵添加出口压力为 0.5~5MPa 连续可调，添加流量范围为 0~30L/h，完全可用于泡沫除尘剂溶液添加。

3.2.2.2 泡沫除尘剂溶液箱参数

泡沫除尘剂溶液箱（图 3.1）主要考虑的参数为容积，经调研，目前矿井综掘工作面截割时间一般为一天 8h 左右，由上述计算得出的泡沫除尘剂原液添加量为 0.00522~0.0174m^3/h 可知，一天所需的泡沫除尘剂原液量为 0.0522~0.174m^3，即 52.2~174L，本书最终决定将泡沫除尘剂溶液箱的容积定为 200L，完全能满足一天的需求量。

图 3.1 定量添加泵与泡沫除尘剂溶液箱实物图

3.3 发泡器参数优化实验

通过上述研究得出了新型矿用发泡器的基本结构，本节将针对网式发泡器在煤矿井下较大风压和水压条件下发泡倍数低的不足，采用参数优化的方式[110]增强其发泡能力并使其适应煤矿井下条件。需要优化的结构参数主要包括泡沫除尘剂溶液出口距发泡网距离、发泡网直径、发泡网层数、发泡网厚度、发泡网间距。

3.3.1 实验方法

按照上述研究中得出的发泡器结构制作发泡器模型，初始参数见表 3.1，通过测定各参数在改变程度相同条件下发泡器发泡效果变化程度，得出 5 个结构参数的重要度顺序，进而按照各结构参数重要度顺序从大到小对上述 5 个参数进行优化，从而得出发泡器的最佳结构参数。

表 3.1 所需优化的发泡器结构参数表

所需优化的结构参数	初始参数值
泡沫除尘剂溶液出口距发泡网距离	10cm
发泡网孔径	3×3mm
发泡网层数	4 层
发泡网厚度	3mm
发泡网间距	5cm

3.3.2　实验设备简介

实验所需的设备主要包括空气压缩机、气体流量计、气压表、高压水泵、水流量计、水压表，其中，空气压缩机提供发泡器所需的气源，通过进气管路与发泡器风管相连接；气体流量计和气压表安设在进风管路上，用于测定进入发泡器的空气流量和压力；高压水泵提供发泡器所需的水源，通过进水管路与发泡器水管相连接；水流量计连接在进水管路上，用于测量进入发泡器的水流量；水压表安装在高压水泵上，用于测定进入发泡器的水压力，此外，泡沫除尘剂溶液添加装置与高压电源（660V）连接，泡沫除尘剂原液出口与发泡器添加管连接，用于连续定量提供发泡所需的泡沫除尘剂，实验系统示意图如图 3.2 所示，实验设备简介见表 3.2。

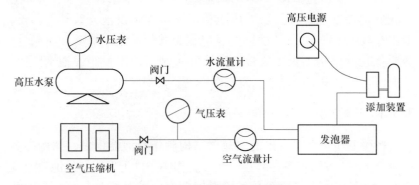

图 3.2　实验系统布置示意图

表 3.2　实验设备简介

实验设备名称	基本参数
空气压缩机	可提供的气体流量范围为 0~20m³/min，压力范围为 0~2MPa
气体流量计	量程范围为 0~50m³/min，可承受最大气体压力为 1.5MPa
气压表	量程范围为 0~5MPa
高压水泵	可提供的水流量范围为 0~125L/min，压力范围为 0~8MPa
水流量计	量程范围为 0~90L/min，可承受最大水压为 3MPa
水压表	量程范围为 0~6MPa

实验所用设备如图 3.3 所示。

(a) 空气压缩机　　　　　　　(b) 气体流量计

(c) 气体压力表　　　　　　　(d) 高压水泵

(e) 液体流量计　　　　　　　(f) 水压表

图 3.3　实验所用设备实物图

3.3.3 各结构参数重要度测定实验

本书在对发泡器发泡参数进行优化时采用的是逐一优化的方式，最终寻求一种最佳的参数组合，从而得到最佳的发泡效果。但是在进行参数逐一优化实验时各参数的优化顺序对实验最终得出的最佳参数组合方式有重要影响。因此，本书首先需要对 5 个参数的重要度顺序进行测定，从对发泡效果影响最大的参数开始按照重要度顺序从高到低逐一进行优化，下面是各结构参数结构重要度顺序测定实验的具体过程。

实验方法简介：本书采用的实验方法为控制变量法，控制变量法的基本思想是：把多因素的问题变成多个单因素的问题，而只改变其中的某一个因素，从而研究这个因素对事物影响，将各个因素分别加以研究，最后再综合解决。它是科学探究中的重要思想方法，广泛地运用在各种科学探索和科学实验研究之中。本书采用该实验方法对泡沫除尘剂溶液出口距发泡网距离、发泡网直径、发泡网层数、发泡网厚度、发泡网间距 5 个参数的重要度逐一进行确定，最后得出重要度顺序。

实验流程：通过调研矿井综掘工作面现场水压和气压情况，将实验水压确定为 1.2MPa，气压确定为 0.5MPa。根据调研目前发泡器的气液比情况，将气体流量选定为 1000L/min，水流量选定为 20L/min，实验指标为发泡量，当某一个参数变化时，其他参数均保持表 3.1 中的数据不变，为了保证测量结果中重要度可比性，每个参数在变化时均采用增加 50%的方式进行改变，测量该参数变化时的发泡量，得出发泡量与该参数的变化情况，通过对实验结果进行分析得出发泡量随该参数变化的变化率，进而得出其重要度参数，对 5 个参数逐一进行实验，对重要度参数进行排序。将表 3.1 中的 5 个参数依次编号为 Y1、Y2、Y3、Y4、Y5。具体实验结果如图 3.4 所示。

通过实验结果可知，影响发泡器发泡效果的 5 个结构参数在同样改变 50%的情况下，发泡器发泡量改变幅度各不相同，其中，泡沫除尘剂溶液出口距发泡网的距离对应的发泡量变化率为 2.06%；

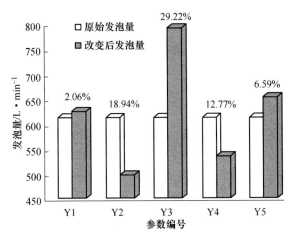

图 3.4 发泡器结构参数重要度测定结果

发泡网直径对应的发泡量变化率为 18.94%；发泡网层数对应的发泡量变化率为 29.22%；发泡网厚度对应的发泡量变化率为 12.77%；发泡网间距对应的发泡量变化率为 6.59%。在此基础上，利用发泡量的变化率除以各参数的变化率即 50%，得出 5 个参数的重要度参数值，见表 3.3。

表 3.3 各结构参数对应的重要度参数值

结构参数	Y1	Y2	Y3	Y4	Y5
重要度参数	0.0412	0.3788	0.5844	0.2554	0.1318

由表 3.3 可知，5 个参数对发泡器发泡效果影响大小顺序为发泡网层数 > 发泡网直径 > 发泡网厚度 > 发泡网间距 > 泡沫除尘剂溶液出口距发泡网的距离，接下来的发泡器结构参数优化实验将按照上述顺序逐一进行优化。

3.3.4 各结构参数优化实验

为了提高发泡器的发泡效果，本节针对影响发泡器发泡效果的 5 个参数逐一进行优化，优化顺序按照其重要度顺序进行，各结构参数在优化时选取的参数值见表 3.4。

表 3.4   需优化参数选取的实验值

结构参数	实验参数值			
发泡网层数	3	4	5	6
发泡网直径/mm	1×1	2×2	3×3	4×4
发泡网厚度/mm	1	2	3	4
发泡网间距/cm	3	5	7	9
溶液出口距发泡网的距离/cm	5	10	15	20

实验时，气压依然选定为 0.5MPa，水压选定为 1.2MPa，按照结构参数重要度顺序，从重要度最高的参数开始优化，每个参数在优化时均在前一个参数最优基础上进行，以保证达到最佳发泡效果。测量不同气液比情况下不同结构参数发泡器的发泡倍数和发泡量，通过对比分析，得出发泡器的最优结构参数及不同结构参数情况下的最佳气液比。具体实验结果见表 3.5~表 3.9、图 3.5~图 3.9。

3.3.4.1   发泡网层数优化实验结果

表 3.5   不同发泡网层数发泡效果

水流量 /L·min⁻¹	气流量 /L·min⁻¹	发泡网层数			
		3		4	
		发泡量/L·min⁻¹	发泡倍数	发泡量/L·min⁻¹	发泡倍数
20	500	306.6	15.83	339.6	17.18
20	600	358.6	18.28	438.4	22.37
20	700	402.2	20.71	481.6	25.08
20	800	389.6	19.95	559.6	28.99
20	900	362.4	18.52	492.4	25.12
20	1000	336.6	17.46	483.8	24.54
20	1100	312.4	16.62	446.2	22.81
20	1200	297.8	15.39	415.1	21.25

续表 3.5

水流量 /L·min⁻¹	气流量 /L·min⁻¹	发泡网层数			
		5		6	
		发泡量/L·min⁻¹	发泡倍数	发泡量/L·min⁻¹	发泡倍数
20	500	412.6	20.76	403.2	21.25
20	600	507.8	25.64	492.6	26.38
20	700	575.8	29.19	568.3	30.51
20	800	622.5	31.85	616.5	33.16
20	900	702.4	35.52	692.5	37.37
20	1000	669.8	33.89	653.6	34.21
20	1100	615.4	31.37	595.3	32.39
20	1200	558.2	28.61	542.8	31.83

由表 3.5 和图 3.5 可知：

（1）当发泡网层数相同时，随着气体流量逐渐增大，发泡量和发泡倍数呈现出先增大后减小的趋势且不同发泡网层数均存在一个最佳气液比，在最佳气液比时发泡效果达到最佳。

（2）将不同发泡网层数在最佳气液比时的发泡量和发泡倍数作为研究对象，发泡网层数为 3、4、5、6 时对应的最佳发泡量分别为 402.2L/min、559.8L/min、702.4L/min、692.5L/min，对应的最佳发泡倍数分别为 20.71、28.99、35.52、37.37，由此可知，随着发泡网层数增加，发泡量呈现出先增大后减小的趋势，在发泡网层数为 5 时发泡量达到最大值，而发泡倍数一直增大。这是由于随着发泡网层数增多，发泡器内部扰流越来越强烈，致使泡沫除尘剂溶液发泡更充分，导致发泡倍数增加；但当发泡网达到 6 层时，由于阻力过大导致泡沫输出量减小，因此，发泡量呈现降低的趋势。最终选择发泡网层数为 5 层，此时，发泡量为 702.4L/min，发泡倍数为 35.52，对应的最佳气液比为 45:1。

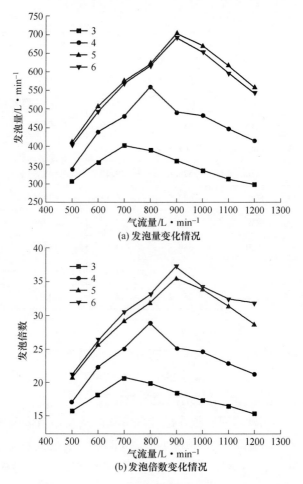

图 3.5 不同发泡网层数发泡量和发泡倍数测定结果

3.3.4.2 发泡网直径优化实验结果

表 3.6 不同发泡网直径发泡效果

水流量 /L·min⁻¹	气流量 /L·min⁻¹	发泡网直径			
		1mm×1mm		2mm×2mm	
		发泡量/L·min⁻¹	发泡倍数	发泡量/L·min⁻¹	发泡倍数
20	500	426.4	23.25	432.8	22.19

水流量 /L·min⁻¹	气流量 /L·min⁻¹	发泡网直径			
		1mm×1mm		2mm×2mm	
		发泡量/L·min⁻¹	发泡倍数	发泡量/L·min⁻¹	发泡倍数
20	600	533.6	29.53	541.7	27.55
20	700	582.5	33.62	595.2	30.36
20	800	634.2	36.41	646.5	32.75
20	900	741.2	40.56	753.6	38.28
20	1000	852.6	45.38	863.6	43.63
20	1100	785.2	42.71	796.2	40.31
20	1200	673.8	37.29	682.4	34.58

水流量 /L·min⁻¹	气流量 /L·min⁻¹	发泡网直径			
		3mm×3mm		4mm×4mm	
		发泡量/L·min⁻¹	发泡倍数	发泡量/L·min⁻¹	发泡倍数
20	500	412.6	20.76	338.6	17.38
20	600	507.8	25.64	437.8	22.29
20	700	575.8	29.19	523.4	26.67
20	800	622.5	31.85	572.5	29.15
20	900	702.4	35.52	597.2	30.36
20	1000	669.8	33.89	554.5	28.22
20	1100	615.4	31.37	517.8	26.35
20	1200	558.2	28.61	452.4	23.17

由表 3.6 和图 3.6 可知：

与发泡网层数优化实验相同，每种不同的发泡网直径都有一个最佳气液比，发泡网直径为 1mm×1mm、2mm×2mm、3mm×3mm、4mm×4mm 时对应的最佳发泡量分别为 852.6L/min、863.6L/min、702.4L/min、597.2L/min，对应的最佳发泡倍数分别为 45.38、43.63、35.52、30.36。由此可知，发泡网直径越小，发泡倍数逐渐越大，发泡量最大值未出现在发泡倍数达到最大值的 1mm×1mm，而是出现在直径为 2mm×2mm 的时候，这是由于发泡网直径为 1mm×1mm 时，发泡网阻力过大，导致泡沫流量减小的缘故，最终决定将发泡网直径确定为 2mm×2mm，此时，发泡器的最佳气液比为 50 : 1，发泡量为 863.6L/min，发泡倍数达到了 43.63 倍。

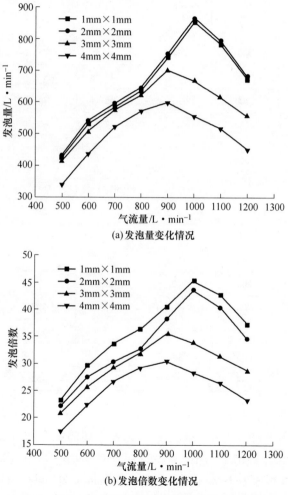

图 3.6   不同发泡网直径发泡量和发泡倍数测定结果

3.3.4.3 发泡网厚度优化实验结果

表 3.7 不同发泡网厚度发泡效果

水流量 /L·min⁻¹	气流量 /L·min⁻¹	发泡网厚度			
		1mm		2mm	
		发泡量/L·min⁻¹	发泡倍数	发泡量/L·min⁻¹	发泡倍数
20	500	461.4	23.57	459.4	23.22
20	600	583.5	29.65	568.6	28.53
20	700	676.8	34.34	659.2	33.96
20	800	755.2	37.81	702.8	35.75
20	900	868.3	43.68	823.2	41.66
20	1000	963.6	48.92	906.4	45.82
20	1100	997.4	50.87	978.8	49.39
20	1200	971.2	49.21	935.6	47.33

水流量 /L·min⁻¹	气流量 /L·min⁻¹	发泡网厚度			
		3mm		4mm	
		发泡量/L·min⁻¹	发泡倍数	发泡量/L·min⁻¹	发泡倍数
20	500	432.8	22.19	411.8	20.85
20	600	541.7	27.55	504.2	25.37
20	700	595.2	30.36	541.2	27.56
20	800	646.5	32.75	597.6	30.38
20	900	753.6	38.28	705.2	35.51
20	1000	863.6	43.63	798.8	40.69
20	1100	796.2	40.31	692.6	35.35
20	1200	682.4	34.58	635.2	32.26

由表 3.7 和图 3.7 可知：

跟上述实验相同，每种不同的发泡网厚度也存在一个最佳气液比，发泡网厚度为 1mm、2mm、3mm、4mm 时对应的最佳发泡量分别为 997.4L/min、978.8L/min、863.6L/min、798.8L/min，对应的最佳发泡倍数分别为 50.87、49.39、43.63、40.69。由此可知，发泡网厚度越大，发泡量和发泡倍数越小，即发泡网厚度应尽量减小，但考虑到发泡器内部压力达到了 1.7MPa，发泡网厚度难以承受如此大的压力，导致发泡器使用寿命减短，最终选择发泡网厚度为 2mm，此时，发泡器的最佳气液比为 55：1，发泡量为 978.8L/min，发泡倍数达到了 49.39 倍。

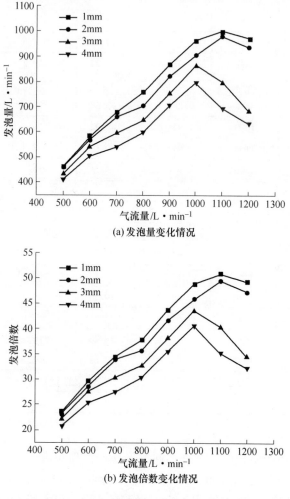

(a) 发泡量变化情况

(b) 发泡倍数变化情况

图 3.7　不同发泡网厚度发泡量和发泡倍数测定结果

3.3.4.4 发泡网间距优化实验结果

表 3.8 不同发泡网间距发泡效果

水流量 /L·min^{-1}	气流量 /L·min^{-1}	发泡网间距			
		3cm		5cm	
		发泡量/L·min^{-1}	发泡倍数	发泡量/L·min^{-1}	发泡倍数
20	500	412.3	21.32	459.4	23.22
20	600	499.5	25.68	568.6	28.53
20	700	625.6	31.57	659.2	33.96
20	800	657.2	33.41	702.8	35.75
20	900	791.5	39.82	823.2	41.66
20	1000	845.8	42.69	906.4	45.82
20	1100	915.4	46.37	978.8	49.39
20	1200	867.3	43.65	935.6	47.33

水流量 /L·min^{-1}	气流量 /L·min^{-1}	发泡网间距			
		7cm		9cm	
		发泡量/L·min^{-1}	发泡倍数	发泡量/L·min^{-1}	发泡倍数
20	500	489.3	24.55	490.2	24.61
20	600	580.4	29.37	582.5	29.25
20	700	677.6	34.48	678.6	34.93
20	900	870.2	43.71	874.5	43.72
20	1000	949.2	47.66	942.6	47.85
20	1100	1032.8	51.79	1030.4	51.67
20	1200	982.5	49.32	981.2	49.26

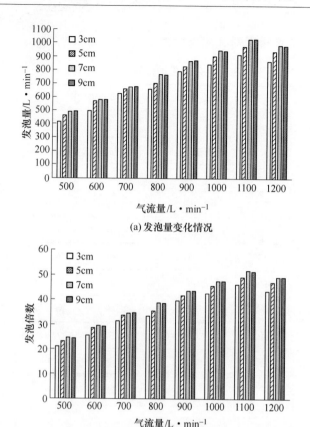

(a) 发泡量变化情况

(b) 发泡倍数变化情况

图 3.8 不同发泡网间距发泡量和发泡倍数测定结果

由表 3.8 和图 3.8 可知：

跟上述实验相同，每种不同的发泡网间距也存在一个最佳气液比，发泡网间距为 3cm、5cm、7cm、9cm 时对应的最佳发泡量分别为 915.4L/min、978.8L/min、1032.8L/min、1030.4L/min，对应的最佳发泡倍数分别为 46.37、49.39、51.79、51.67。由此可知，随着发泡网间距增大，发泡量和发泡倍数先增大并在间距为 7cm 时趋于稳定，因此，最终选择发泡网间距为 7cm，此时，发泡器的最佳气液比为 55：1，发泡量为 1032.8L/min，发泡倍数达到了 51.79 倍。

3.3.4.5 泡沫除尘剂溶液出口距发泡网距离优化实验结果

表3.9 泡沫除尘剂溶液出口距发泡网不同距离发泡效果

水流量 /L·min⁻¹	气流量 /L·min⁻¹	泡沫除尘剂溶液出口距发泡网距离			
		5cm		10cm	
		发泡量/L·min⁻¹	发泡倍数	发泡量/L·min⁻¹	发泡倍数
20	500	442.4	22.47	489.3	24.55
20	600	505.6	25.82	580.4	29.37
20	700	621.3	31.65	677.6	34.48
20	800	704.1	35.72	768.5	38.62
20	900	809.5	40.95	870.2	43.71
20	1000	843.6	42.68	949.2	47.66
20	1100	958.6	48.53	1032.8	51.79
20	1200	904.3	45.71	982.5	49.32

水流量 /L·min⁻¹	气流量 /L·min⁻¹	泡沫除尘剂溶液出口距发泡网距离			
		15cm		20cm	
		发泡量/L·min⁻¹	发泡倍数	发泡量/L·min⁻¹	发泡倍数
20	500	491.5	24.96	462.5	23.71
20	600	588.2	29.98	560.3	28.63
20	700	684.6	34.85	639.8	32.29
20	800	785.8	39.74	702.5	35.66
20	900	893.5	44.92	776.3	39.52
20	1000	982.2	49.61	843.4	42.95
20	1100	1068.4	53.57	951.2	48.38
20	1200	1021.7	51.35	905.5	45.65

由表 3.9 和图 3.9 可知：

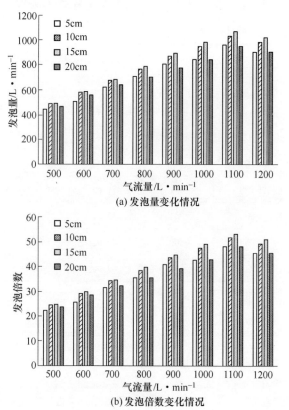

(a) 发泡量变化情况

(b) 发泡倍数变化情况

图 3.9　泡沫除尘剂溶液出口距发泡网不同距离发泡量和发泡倍数测定结果

　　跟上述实验相同，泡沫除尘剂溶液出口距发泡网不同距离均存在一个最佳气液比，当距离为 5cm、10cm、15cm、20cm 时对应的最佳发泡量分别为 958.6L/min、1032.8L/min、1068.4L/min、951.2L/min，对应的最佳发泡倍数分别为 48.53、51.79、53.57、48.38。由此可知，随着泡沫除尘剂溶液出口距发泡网距离增大发泡量和发泡倍数均先增大后减小并在距离为 15cm 时达到最大值，因此，最终选择泡沫除尘剂溶液出口距发泡网的最佳为 15cm，此时，发泡器的最佳气液比为 55：1，发泡量为 1068.4L/min，发泡倍数达到了 53.57 倍。

　　经过上述优化实验最终得出新型矿用发泡器的最优结构参数，

见表 3.10。

表 3.10 优化后新型矿用发泡器最优参数

新型矿用发泡器结构参数	最优参数值
泡沫除尘剂溶液出口距发泡网距离/cm	15
发泡网直径/mm	2×2
发泡网层数	5 层
发泡网厚度/mm	2
发泡网间距/cm	7

矿用发泡器及泡沫除尘剂添加系统实物图及矿用发泡器发泡效果如图 3.10、图 3.11 所示。

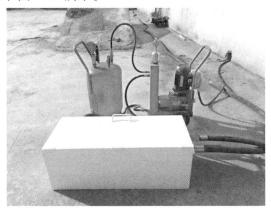

图 3.10 矿用发泡器及泡沫除尘剂添加系统实物图

图 3.11 矿用发泡器发泡效果

本书设计的网式发泡器在经过参数优化实验以后，发泡能力得到了显著提高，本书研发的泡沫除尘系统最终的工作参数如下所示：

（1）电源：660/1140V。

（2）最佳水压：1.2MPa。

（3）最佳气压：0.5MPa。

（4）最佳气液比：55∶1。

（5）最大发泡倍数：53.57倍。

（6）最大泡沫喷射距离：6m。

3.4　泡沫-粉尘颗粒粒径耦合规律实验研究

根据目前关于泡沫捕尘机理的研究成果可知，泡沫之所以具有高效的捕尘效果，主要是截留、惯性碰撞、扩散、黏附、重力沉降等多种机理综合作用的结果，其中，截留、惯性碰撞、扩散、黏附过程均与泡沫颗粒和粉尘颗粒的大小有关。而目前针对泡沫-粉尘颗粒粒径耦合规律的研究较少，本节采用比利时欧奇奥公司生产的SCAN600泡沫形貌分析仪对泡沫-粉尘颗粒粒径耦合规律进行研究，为泡沫除尘现场应用提供指导。

具体实验方法是，将本书研发的泡沫除尘剂配制成100mL溶液，采用Waring Blender法进行发泡，测定在不同搅拌器转速条件下产生的泡沫粒径大小，进而将制备的粉尘洒入SCAN600泡沫形貌分析仪泡沫样品池内，使其与泡沫颗粒产生耦合作用，形成泡沫-粉尘耦合颗粒，通过SCAN600泡沫形貌分析仪对耦合后形成的泡沫-粉尘颗粒的粒径大小进行测定，分析耦合前后颗粒粒径变化情况，得出泡沫-粉尘颗粒粒径耦合规律。

3.4.1　颗粒粒径表示方法

世界各国学者先后研究和提出了多种颗粒尺寸评定方法，主要有平均直径和特征直径两大类[111,112]。

3.4.1.1　平均直径

由于颗粒群尺寸分布函数较为复杂，为方便起见，许多关于颗粒的研究都仅采用颗粒的平均直径。颗粒平均直径的概念是由 Mugele 和 Evans 提出的，并给出了一个通式。其定义是：设想一个颗粒尺寸完全均匀一致的颗粒群以代替实际不均匀的颗粒群，这个假想的均匀颗粒群的颗粒直径称为平均直径。颗粒平均直径的表示方法很多，较为常用的平均直径有长度平均直径 D_{10}、表面积平均直径 D_{20}、体积平均直径（又称为质量平均直径）D_{30}、索特平均直径 D_{32} 及贺丹平均直径 D_{43} 等，目前使用较多的是索特平均直径 D_{32} 及贺丹平均直径 D_{43}，其公式分别如式（3.1）和式（3.2）所示。

索特平均直径：

$$D_{32} = \frac{\int_{D_{\min}}^{D_{\max}} D^3 \mathrm{d}N}{\int_{D_{\min}}^{D_{\max}} D^2 \mathrm{d}N} \tag{3.1}$$

式中，N 为直径 D 的液滴数目；通常取 $D_{\min} = 0$。

贺丹平均直径：

$$D_{43} = \frac{\int_{D_{\min}}^{D_{\max}} D^4 \mathrm{d}N}{\int_{D_{\min}}^{D_{\max}} D^3 \mathrm{d}N} \tag{3.2}$$

为了表达其他平均直径，Mugele 和 Evans 提出了一个通式：

$$D_{pq} = \frac{\int_{D_{\min}}^{D_{\max}} D^p \mathrm{d}N}{\int_{D_{\min}}^{D_{\max}} D^q \mathrm{d}N} = \frac{\int_{D_{\min}}^{D_{\max}} D^p \frac{\mathrm{d}N}{\mathrm{d}D} \mathrm{d}D}{\int_{D_{\min}}^{D_{\max}} D^q \frac{\mathrm{d}N}{\mathrm{d}D} \mathrm{d}D} \tag{3.3}$$

式中，p 和 q 根据研究的需要可以为任何值，$p+q$ 称为平均直径的阶数。

同一颗粒群不同的平均直径是有差别的，在各项平均直径指标中，D_{43} 和 D_{32} 最能真实的反应颗粒群尺寸的参数，目前在实际工程中运用最多。

3.4.1.2 特征直径

在颗粒群尺寸分布更深入的研究中，有时不仅列出颗粒的平均直径，还给出分布函数，同时在分布曲线中再找出几个特征点进行分析。这些特征直径对于某些情况下颗粒群尺寸分布的探讨很有价值。在颗粒群分布曲线中，它们代表某一直径以下的所有液滴的体积占全部液滴总体积的百分比，并将此比值以符号下标的形式标出，以示区别。特征直径的下标数值均小于 1，这是区分特征直径参数符号与平均直径参数符号的标志。显然，特征直径下标与平均直径下标的含义是不同的。常用的液滴特征直径及其含义见表 3.11，其中最常用的特征直径是质量中值直径 $D_{0.5}$。

表 3.11　特征直径及其含义

符号	含　义
$D_{0.1}$	小于该直径的所有液滴体积占全部液滴总体积的 10%
$D_{0.25}$	小于该直径的所有液滴体积占全部液滴总体积的 25%
$D_{0.5}$	小于该直径的所有液滴体积占全部液滴总体积的 50%，该直径左右侧体积分布曲线下的面积相等
$D_{0.75}$	小于该直径的所有液滴体积占全部液滴总体积的 75%
$D_{0.9}$	小于该直径的所有液滴体积占全部液滴总体积的 90%

应该注意的是，并不是每一个平均直径或特征直径都对评价某个特定的喷雾情况适用，换句话说，对于某个给定的颗粒群，并不是任何一个平均直径或特征直径都能完全表达其颗粒尺寸。但一般认为，中值粒径 $D_{0.5}$ 最大程度地反映了颗粒群整体粒径情况，其他特征直径都不能作为评价指标，使用它们有时会得出错误的结论。因此，本书在研究泡沫颗粒粒径大小时主要选择了平均粒径 D_{43} 和 D_{32} 以及特征直径 $D_{0.5}$ 三个直径参数进行分析。

3.4.2　不同扰流强度泡沫粒径分布实验

3.4.2.1　实验设备及方法

采用比利时欧奇奥仪器公司生产的 SCAN600 泡沫形貌分析仪（图 3.12、图 3.13）对本书研发的 FAG2 型泡沫除尘剂产生的泡沫

图 3.12 SCAN600 泡沫形貌分析仪实物图

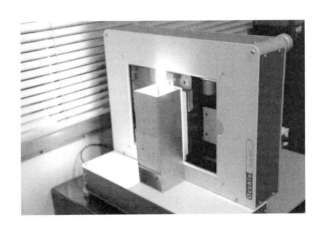

图 3.13 SCAN600 泡沫形貌分析仪测试样品图

粒径[113~117]进行测定，以得出扰流强度与产生泡沫粒径之间的关系，并为泡沫-粉尘颗粒粒径耦合实验提供基础数据。具体实验方法为：将泡沫除尘剂配制成溶液，采用 Waring Blender 法进行发泡实验，取溶液 100mL 加入搅拌器内进行搅拌，按照 Waring Blender 法的规定，将搅拌转速分别定为 1000r/min、1500r/min 和 2000r/min，将搅拌后产生的泡沫放入到 SCAN600 泡沫形貌分析仪样品池内进行泡沫粒径测定，具体实验结果见表 3.12。

表 3. 12   不同搅拌器转速对应的泡沫粒径测定结果

实验次数	搅拌器转速/r·min^{-1}	$D_{0.5}$	D_{43}	D_{32}
第一次	1000	529.3	547.7	465.7
	1500	352.5	376.1	337.5
	2000	152.6	172.5	136.8
第二次	1000	532.1	549.5	470.2
	1500	353.9	372.4	339.7
	2000	150.9	168.7	139.9
第三次	1000	530.8	545.3	470.5
	1500	356.3	375.6	336.9
	2000	150.5	171.8	138.7

3.4.2.2   实验结果分析

由表 3.12 可知：当搅拌速率为 1000r/min、1500r/min、2000r/min 时，由实验结果可知，转速为 1000r/min 时的 $D_{0.5}$、D_{43}、D_{32} 最大，转速为 1500r/min 时产生泡沫的 $D_{0.5}$、D_{43}、D_{32} 次之，转速为 2000r/min 时产生泡沫的 $D_{0.5}$、D_{43}、D_{32} 最小，由此可知，搅拌器转速高产生的泡沫粒径小于搅拌器转速低产生的泡沫粒径，这说明，扰动强度越大，泡沫除尘剂产生的泡沫粒径越小。

3.4.3   泡沫-粉尘耦合实验

3.4.3.1   实验用粉尘的制备

首先从蒋庄煤矿 3$_{下}$ 1101 煤巷综掘工作面现场分别采集块煤 20kg，然后将块煤初步敲击破碎后，采用武汉探矿机械厂生产的 2×PC-60×100 型颚式破碎机（给料粒度：50mm，排料口调整范围：1~3mm，转速：500r/min）对其进行深度破碎，接着采用镇江市科瑞制样设备有限公司生产的 KER-1/100A 型密封式制样粉碎机（装料质量：150g，装料粒度：≤20mm，出料粒度：≤0.2mm）对深度破碎的煤体进行碾磨处理，碾磨时间控制在 30s 左右。

3.4.3.2　实验方法

将本书研发的泡沫除尘剂配制成溶液，取 100mL 溶液加入搅拌器内进行搅拌，同样地，按照 Waring Blender 法的规定，将搅拌转速分别定为 1000r/min、1500r/min 和 2000r/min，将生成的泡沫放入 SCAN600 泡沫形貌分析仪的样品池内并将制备的实验用粉尘撒入样品池内使粉尘与泡沫充分结合，开启 SCAN600 泡沫形貌分析仪测定洒尘后泡沫-粉尘颗粒粒度分布，根据之前相关学者[111]在颗粒耦合方面实验过程中所采用的方法可做如下假设：泡沫与粉尘耦合后，可以近似认为泡沫粒径的增加值约等于泡沫颗粒所捕获的粉尘颗粒的粒径值。根据上述假设结合 3.4.2 小节得出的未洒尘时测得的泡沫颗粒粒度分布实验结果，可得到不同粒径泡沫与之捕获的粉尘粒径的对应关系，进而得出泡沫-粉尘颗粒粒度变化规律。为了保证实验结果的可靠性，将该实验连续重复进行三次，对三次实验结果得出的数据进行统一分析。

3.4.3.3　实验结果分析

表 3.13　洒尘后得到的泡沫-粉尘颗粒粒度测定结果

实验次数	搅拌器转速/r·min^{-1}	$D_{0.5}$	D_{43}	D_{32}
第一次	1000	558.6	585.3	493.2
	1500	375.3	401.6	361.3
	2000	161.9	183.3	146.7
第二次	1000	565.2	582.9	500.4
	1500	372.4	399.2	362.9
	2000	158.9	177.9	148.6
第三次	1000	561.9	581.5	499.3
	1500	380.6	399.0	362.9
	2000	160.4	184.4	149.7

表 3. 14　不同粒径泡沫与其捕获粉尘粒径对应关系

实验次数	搅拌器转速 /r·min^{-1}	$\Delta D_{0.5}-$ ($D_{0.5无尘泡沫}/\Delta D_{0.5}$)	$\Delta D_{43}-$ ($D_{43无尘泡沫}/\Delta D_{43}$)	$\Delta D_{32}-$ ($D_{32无尘泡沫}/\Delta D_{32}$)
第一次	1000	30. 3-17. 47	37. 6-14. 58	27. 5-16. 93
	1500	22. 8-15. 46	25. 5-14. 75	23. 8-14. 18
	2000	9. 3-16. 41	10. 8-15. 97	9. 9-13. 82
第二次	1000	33. 1-16. 09	33. 4-16. 44	30. 2-15. 58
	1500	18. 5-19. 16	26. 8-13. 88	23. 1-14. 67
	2000	8. 0-18. 84	9. 2-18. 35	8. 7-16. 09
第三次	1000	31. 1-17. 07	36. 2-15. 08	28. 8-16. 34
	1500	24. 3-14. 69	23. 5-16. 00	26. 6-12. 98
	2000	9. 9-15. 26	12. 6-13. 69	11. 0-12. 67

通过对表 3. 13 和表 3. 14 中实验数据进行对比分析，可以看出：

（1）当泡沫粒径在 136. 8~549. 5μm 之间变化时，捕获煤尘的粒径在 8. 0~37. 6μm 之间变化且随着泡沫粒径的增加，其对应的捕获粉尘的粒径基本呈现线性增加的趋势。

（2）采用 Origin 数值分析软件对泡沫颗粒粒径与其捕获粉尘粒径之间的关系式进行拟合，可以得出：1）第一组实验中泡沫颗粒粒径与其捕获的粉尘颗粒粒径符合非线性函数关系 $D_{泡沫粒径}=$ 14. 694$D_{粉尘粒径}^{1.0171}$，$R^2=0.9849$ 或者线性函数关系 $D_{泡沫粒径}=$ 15. 639$D_{粉尘粒径}-1.9557$，$R^2=0.9638$。2）第二组实验中泡沫颗粒粒径与其捕获的粉尘颗粒粒径符合非线性函数关系 $D_{泡沫粒径}=$ 22. 186$D_{粉尘粒径}^{0.8979}$，$R^2=0.9785$，或者线性函数关系 $D_{泡沫粒径}=$ 14. 936$D_{粉尘粒径}+24.893$，$R^2=0.9717$。3）第三组实验中泡沫颗粒粒径与其捕获的粉尘颗粒粒径符合以下非线性函数关系 $D_{泡沫粒径}=$ 10. 813$D_{粉尘粒径}^{1.1037}$，$R^2=0.9725$，或者线性函数关系 $D_{泡沫粒径}=$ 16. 535$D_{粉尘粒径}-31.296$，$R^2=0.9595$。

（3）通过表 3. 14 可知，泡沫粒径与其捕获粉尘粒径的比值范围为 12. 67~19. 16，采用取平均值的方法对表 3. 14 中泡沫粒径与其捕获粉尘粒径的比值取平均值可得出平均值为 15. 65。

通过上述分析研究可以得出：在泡沫降尘过程中，泡沫颗粒与粉尘颗粒粒径最佳耦合关系近似为 $D_{泡沫} \approx 15D_{粉尘}$，当两者颗粒粒径满足上述关系时降尘效果最好。

3.5 不同工作参数对发泡器发泡效果影响规律研究

通过上述实验研发了矿用发泡器并在实验室进行了发泡实验，为了使发泡器更好地应用于矿井现场，本节对矿用发泡器发泡量、发泡倍数以及产生的泡沫粒径 3 个发泡效果参数随发泡器工作参数变化规律进行研究，从而为发泡器的现场应用提供指导。

实验时，水压和气压依然采用矿井综掘工作面现场的水压（1.2MPa）和气压值（0.5MPa），且保持不变，泡沫除尘剂原液添加流量根据水流量的大小保持添加比例为 0.87% 不变，需要改变的工作参数为水流量和气流量。实验分别测定了以下三种情况下发泡效果参数变化情况：

（1）气流量保持不变，水流量逐渐增大时，发泡量、发泡效倍数和产生泡沫粒径变化情况；

（2）水流量不变，气流量逐渐增大时，发泡量、发泡倍数和产生泡沫粒径变化情况；

（3）气液比保持不变，水流量和气流量逐渐增大时，发泡量、发泡倍数和产生泡沫粒径变化情况。通过对实验结果进行分析得出泡沫除尘系统发泡量、发泡倍数和产生泡沫粒径随工作参数变化规律，从而为泡沫除尘系统在现场应用时参数设置提供依据，具体实验结果见表 3.15~表 3.20 和图 3.14~图 3.16。

3.5.1 水流量对发泡器发泡效果影响规律研究

3.5.1.1 水流量对发泡量和发泡倍数影响规律分析

通过实验结果可知，在气体流量保持不变的情况下，随着水流量逐渐增加，发泡量呈现出先增加后趋于平稳的趋势，而发泡倍数呈现出先增加后降低的趋势且在最佳气液比时发泡倍数达到最高。当气液比在最佳气液比右侧，即当气液比小于 55∶1 时，随着水流量增加，发泡倍数逐渐降低；当气液比在最佳气液比左侧，即当气液比大于 55：1 时，随着水流量增加，发泡倍数则逐渐增加。

表 3.15   发泡量和发泡倍数随水流量变化实验结果

水流量/L·min⁻¹	气流量/L·min⁻¹	气液比	发泡量/L·min⁻¹	发泡倍数
15	1000	67：1	742.7	51.15
18	1000	55：1	956.3	53.57
20	1000	50：1	982.9	49.61
22	1000	45：1	968.2	44.27
25	1000	40：1	981.5	39.38
28	1000	35：1	1015.8	37.25
30	1000	33：1	1022.3	35.96

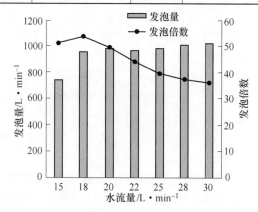

图 3.14   发泡量和发泡倍数随水流量变化实验结果

3.5.1.2   水流量对泡沫粒径影响规律分析

表 3.16   泡沫粒径随水流量变化实验结果

水流量/L·min⁻¹	气流量/L·min⁻¹	气液比	$D_{0.5}$	D_{43}	D_{32}
15	1000	67：1	459.3	480.7	438.5
18	1000	55：1	473.2	499.3	457.3
20	1000	50：1	495.9	519.9	486.2
22	1000	45：1	512.5	527.8	507.0
25	1000	40：1	539.4	548.9	524.8
28	1000	35：1	557.6	569.1	541.8
30	1000	33：1	573.2	582.3	557.3

以 $D_{0.5}$、D_{43} 和 D_{32} 为考察指标，由表 3.16 可知，当气体流量不变时，水流量为 15L/min、18L/min、20L/min、22L/min、25L/min、28L/min、30L/min 对应的 $D_{0.5}$ 分别为 459.3μm、473.2μm、495.9μm、512.5μm、539.4μm、557.6μm、573.2μm，对应的 D_{43} 分别为 480.7μm、499.3μm、519.9μm、527.8μm、548.9μm、569.1μm、582.3μm，对应的 D_{32} 分别为 438.5μm、457.3μm、486.2μm、507.0μm、524.8μm、541.8μm、557.3μm，随着水流量增加，均呈现出逐渐增加的趋势，这说明，在气体流量一定的情况下，水流量越大，发泡器产生的泡沫粒径也越大。

3.5.2 气流量对发泡器发泡效果影响规律研究

3.5.2.1 气流量对发泡量和发泡倍数影响规律分析

表 3.17 发泡量和发泡倍数随气流量变化实验结果

水流量/L·min^{-1}	气流量/L·min^{-1}	气液比	发泡量/L·min^{-1}	发泡倍数
20	800	40:1	785.8	39.74
20	900	45:1	893.5	44.92
20	1000	50:1	982.2	49.61
20	1100	55:1	1068.4	53.57
20	1200	60:1	1021.7	51.35
20	1300	65:1	992.5	49.21
20	1400	70:1	967.3	46.59

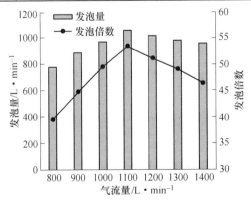

图 3.15 发泡量和发泡倍数随气流量变化实验结果

从表3.17、图3.15可知，在水流量保持不变的情况下，当气液比在最佳气液比时发泡量和发泡倍数最高，在最佳气液比（55∶1）两侧，当气液比在最佳气液比右侧，即当气液比大于55∶1时，随着气流量增加，发泡量和发泡倍数逐渐降低；当气液比在最佳气液比左侧，即当气液比小于55∶1时，随着气流量增加，发泡量和发泡倍数则逐渐增加。

3.5.2.2　气流量对泡沫粒径分布影响规律研究

表 3.18　泡沫粒径随气流量变化实验结果

水流量/L·min^{-1}	气流量/L·min^{-1}	气液比	$D_{0.5}$	D_{43}	D_{32}
20	800	40∶1	538.2	549.3	523.8
20	900	45∶1	511.7	526.9	508.2
20	1000	50∶1	493.6	520.8	485.5
20	1100	55∶1	474.3	498.2	459.6
20	1200	60∶1	465.2	497.5	451.3
20	1300	65∶1	460.7	482.1	439.3
20	1400	70∶1	448.2	469.8	440.7

以 $D_{0.5}$、D_{43} 和 D_{32} 为考察指标，由表3.18可知，当水流量不变时，气流量为 800L/min、900L/min、1000L/min、1100L/min、1200L/min、1300L/min、1400L/min 对应的 $D_{0.5}$ 分别为 538.2μm、511.7μm、493.6μm、474.3μm、465.2μm、460.7μm、448.2μm，对应的 D_{43} 分别为 549.3μm、526.9μm、520.8μm、498.2μm、497.5μm、482.1μm、469.8μm，对应的 D_{32} 分别为 523.8μm、508.2μm、485.5μm、459.6μm、439.3μm、440.7μm，随着气流量增加，均呈现出逐渐减小的趋势，这说明，在水流量一定的情况下，气流量越大，发泡器产生的泡沫粒径越小。

3.5.3 气液比不变，气液流量对发泡器发泡效果影响规律研究

3.5.3.1 气液比不变，气液流量对发泡量和发泡倍数影响规律研究

表 3.19 气液比不变，发泡量和发泡倍数随气液流量变化实验结果

水流量/L·min⁻¹	气流量/L·min⁻¹	气液比	发泡量/L·min⁻¹	发泡倍数
15	825	55:1	791.8	53.68
18	990	55:1	950.2	53.52
20	1100	55:1	1055.8	53.57
22	1210	55:1	1161.4	53.59
25	1375	55:1	1319.7	53.61
28	1540	55:1	1478.1	53.66
30	1650	55:1	1583.7	53.55

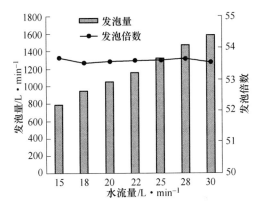

图 3.16 气液比不变，发泡量和发泡倍数随气液流量变化实验结果

由表 3.19 和图 3.16 可知，当气液比不变时，随着水流量增加，发泡量呈现出逐渐增加的趋势，发泡倍数始终基本保持在发泡器最佳发泡倍数（53.57 倍）左右不变，这说明，发泡器的发泡倍数主要与气液比有关。

3.5.3.2　气液比不变，气液流量对泡沫粒径影响规律研究

表 3.20　气液比不变，泡沫粒径随气液流量变化实验结果

水流量/L·min⁻¹	气流量/L·min⁻¹	气液比	$D_{0.5}$	D_{43}	D_{32}
15	825	55∶1	476.5	498.1	456.9
18	990	55∶1	472.7	501.7	453.8
20	1100	55∶1	473.2	499.3	457.3
22	1210	55∶1	475.6	500.1	456.6
25	1375	55∶1	473.3	502.6	455.9
28	1540	55∶1	475.4	501.6	454.9
30	1650	55∶1	476.9	499.3	456.7

以 $D_{0.5}$、D_{43} 和 D_{32} 为考察指标，由表 3.20 可知，当气液比不变时，水流量为 15L/min、18L/min、20L/min、22L/min、25L/min、28L/min、30L/min 对应的 $D_{0.5}$ 分别为 476.5μm、472.7μm、473.2μm、475.6μm、473.3μm、475.4μm、476.9μm，对应的 D_{43} 分别为 498.1μm、501.7μm、499.3μm、500.1μm、502.6μm、501.6μm、499.3μm，对应的 D_{32} 分别为 456.9μm、453.8μm、457.3μm、456.6μm、455.9μm、454.9μm、456.7μm，随着水流量增加，发泡器产生的泡沫粒径基本保持不变，这说明，发泡器产生泡沫粒径的大小主要与气液比有关，气液比一定时产生的泡沫粒径大致相同。

3.6　本章小结

（1）针对目前常用的网式发泡器在井下风压和水压较大的条件下发泡倍数低的问题，设计了一种网式发泡器；并通过参数优化实验以发泡量和发泡倍数为实验指标对发泡器结构参数进行了优化，经过优化后发泡器的最佳气液比为 55∶1，发泡能力达到了 53.57 倍。同时，提出了利用风管增压添加、利用水管增压添加、利用液压马达添加和利用电动计量泵添加 4 种泡沫除尘剂添加方式并根据矿井实际情况优选了电动计量泵添加法，根据综掘工作面现场作业

情况最终决定采用浙江爱力浦泵业有限公司生产的电动柱塞式计量泵，该泵添加出口压力为 0.5~5MPa 连续可调，添加流量范围为 0~30L/h，将泡沫除尘剂储液箱的容积定为 200L。

（2）测定了不同扰流强度下泡沫除尘剂产生泡沫的泡沫粒径分布情况，通过实验结果可知，扰动强度越大，泡沫除尘剂产生的泡沫粒径越小。进而通过泡沫-粉尘耦合沉降实验得出了泡沫与其最佳捕获粉尘粒径之间的关系近似为 $D_{泡沫} \approx 15D_{粉尘}$，为泡沫除尘技术现场应用提供了依据。

（3）对泡沫除尘系统发泡参数随工作参数变化规律进行了研究。气体流量不变时，随着水流量增加，发泡量先增加后趋于平稳，发泡器产生的泡沫粒径逐渐增加，发泡倍数以最佳气液比为分界线呈现出先增加后减小的趋势，当两者处于最佳气液比时发泡倍数最高。水流量不变时，随着气体流量逐渐增加，泡沫除尘系统产生的泡沫粒径逐渐减小，发泡倍数和发泡量以最佳气液比为分界线呈现出先增加后减小的趋势，当两者处于最佳气液比时发泡量和发泡倍数最高。气液比不变时，随着水流量和气体流量逐渐增加，泡沫除尘系统发泡倍数和产生的泡沫粒径基本保持不变，发泡量逐渐增加。

4 综掘机截割区域粉尘浓度区间划分及泡沫量匹配实验研究

目前，针对泡沫除尘系统在应用时究竟应该选择多大的泡沫量、覆盖多大的范围效果最佳研究较少，问题在于，当泡沫量较小时，由于覆盖范围过小导致泡沫除尘系统除尘效果差；而如果泡沫量过大又会导致泡沫除尘系统的应用成本显著增高，甚至影响生产。

针对上述问题，本章选择以蒋庄煤矿 3$_下$ 1101 煤巷综掘工作面为研究对象，对综掘机截割时截割区域粉尘浓度分布情况进行数值模拟，并对粉尘浓度区间进行划分，在此基础上建立不同粉尘浓度区间实体模型，对不同喷嘴布置方式和不同泡沫量条件下粉尘浓度区间实体模型覆盖情况进行测定分析，得出刚好完全覆盖不同粉尘扩散区间的最优喷嘴布置方式和最小泡沫量，为泡沫除尘系统现场应用提供理论指导。

4.1 基于 Fluent 数值模拟的综掘机截割区域粉尘浓度区间划分

4.1.1 综掘工作面风流场运移数学模型的建立

综掘工作面风流场的气流流动十分复杂，流场雷诺数大于 1×10^6，流动处于紊流状态。紊流又称湍流，是一种高度复杂的三维非稳态、带漩涡的不规则流动，在紊流中，流体的各种物理参数，如速度、温度、压力等都随时间和空间发生随机变化。一般认为，无论紊流运动多么复杂，非稳态的 Navier-Stokes 方程（简称 N-S 方程）对紊流的瞬时运动仍然是适用的。紊流运动的数值模拟已成为当今计算流体力学和计算传热学中困难最多且研究最活跃的领域之一。目前，已经采用的数值模拟方法大致可以分为三类[118]：直接模拟、大涡模拟和 Reynolds 时均方程法，其中，Reynolds 时均方程法是目前使用最为广泛的湍流数值模拟方法。Reynolds 时均方程法的核心是不直接求解瞬时的 N-S 方程，而是想办法求解时均化的 Reynolds 方程。这样，不仅可以避免 DNS 方法计算量大的问题，而且对工程实际应用可以取得较好的效果[119~121]。对于本书要进行的综掘工作面风流场流动的数值模拟来说，只需要计算出平均作用力和平均传热量等，所以采用 Reynolds 时均方程法就能满足要求。

将连续性方程和动量方程中的瞬时压力 p、瞬时速度 u_i 分解为平均值和脉动值之和，即 $u_i = U_i + u_i'$，$p = P + p'$，其中，U_i、P 为平均量，u_i'、p' 为脉动量。代入连续性方程和脉动方程进行平均，得到雷诺平均 N-S 方程[121~124]：

连续方程：

$$\frac{\partial U}{\partial x} + \frac{\partial V}{\partial y} + \frac{\partial W}{\partial z} = 0 \tag{4.1}$$

动量方程：

$$\frac{\partial U_i}{\partial t} + U_j \frac{\partial U_i}{\partial x_j} = -\frac{1}{\rho} \frac{\partial P}{\partial x_i} + v \frac{\partial^2 U_i}{\partial x_i \partial x_j} + \frac{1}{\rho} \frac{\partial(-\rho \overline{u_i' u_j'})}{\partial x_j} - \rho \overline{u_i' u_j'} \tag{4.2}$$

式（4.2）为雷诺平均动量方程，方程中有关于湍流脉动值的雷诺应力项 $-\rho \overline{u_i' u_j'}$，这属于新的未知量，要使方程组封闭，必须对雷诺应力做出某种假定，即建立应力的表达式（或引入新的湍流模型方程），通过这些表达式或湍流模型，把湍流的脉动值与时均值联系起来。根据对雷诺应力做出的假定或处理方式不同，目前常用的湍流模型有两大类：涡黏模型和雷诺应力模型。

在涡黏模型方法中，不直接处理 Reynolds 应力项，而是引入湍动黏度（turbulent viscosity），或称涡黏系数（eddy viscosity），然后把湍流应力表示成湍动黏度的函数，整个计算的关键在于确定这种湍动黏度。

湍动黏度的提出源于 Boussinesq 提出的涡黏假定，该假定建立了 Reynolds 应力相对于平均速度梯度的关系，即：

$$- \rho \overline{u'_i u'_j} = \mu_t \left(\frac{\partial u_i}{\partial x_j} + \frac{\partial u_j}{\partial x_i} \right) - \frac{2}{3} \left(\rho \kappa + \mu_t \frac{\partial u_i}{\partial x_i} \right) \delta_{ij} \qquad (4.3)$$

式中，μ_t 为湍动黏度，Pa·s；u_i 为时均速度，m/s；δ_{ij} 为 "Kronecker Delta" 符号（当 $i=j$ 时，$\delta_{ij}=1$；当 $i \neq j$ 时，$\delta_{ij}=0$）；κ 为湍动能（turbulent kinetic energy）：

$$\kappa = \frac{\overline{u'_i u'_i}}{2} = \frac{1}{2} (\overline{u'^2} + \overline{v'^2} + \overline{w'^2}) \qquad (4.4)$$

湍动黏度 μ_t 是空间坐标的函数，取决于流动状态，而不是物性参数。由上可见，引入 Boussinesq 假定以后，计算湍流流动的关键就在于如何确定 μ_t。这里所谓的涡黏模型，就是把 μ_t 与湍流时均参数联系起来的关系式。依据确定 μ_t 的微分方程数目的多少，涡黏模型包括零方程模型、一方程模型和两方程模型，目前两方程模型在工程中使用最为广泛。

当前在综掘工作面风流场计算中采用最多的是经 Launder 和 Spalding 修正后的高雷诺数 κ-ε 模型。在低湍流雷诺数下，该 κ-ε 模型同其他湍流模型一样有局限性。在许多室内空气流动中，湍流雷诺数较低，模拟的结果与实验相比有偏差。但总的来说，在这一领域中，κ-ε 模型还是优于其他模型，因此，本书采用 κ-ε 双方程模型。

标准 κ-ε 模型是两方程模型，计算过程中引入了两个关于湍动能 κ 和湍流耗散率 ε 的方程，由于标准 κ-ε 模型在用于强旋流、弯曲壁面流动或弯曲流体流动时会产生一定的失真，因此本书采用改进的可实现 Realizable κ-ε 模型。它可被有效地用于各种类型的流动模拟，包含有射流和混合流的自由流动，管道内流动，边界流动等。增加的控制方程如下[125,126]。

湍流动能方程（κ 方程）：

$$\frac{\partial (\rho \kappa)}{\partial t} + \frac{\partial (\rho \kappa u_i)}{\partial x_i} = \frac{\partial}{\partial x_j} \left[\left(\mu + \frac{\mu_t}{\sigma_\kappa} \right) \frac{\partial \kappa}{\partial x_j} \right] + G_\kappa - \rho \varepsilon \qquad (4.5)$$

湍流能量耗散率方程（ε 方程）：

$$\frac{\partial(\rho\varepsilon)}{\partial t} + \frac{\partial(\rho\varepsilon u_i)}{\partial x_i} = \frac{\partial}{\partial x_j}\left[\left(\mu + \frac{\mu_t}{\sigma_\varepsilon}\right)\frac{\partial \varepsilon}{\partial x_j}\right] + \rho C_1 E\varepsilon - \rho C_2 \frac{\varepsilon^2}{\kappa + \sqrt{v\varepsilon}}$$

$$(4.6)$$

式中，$C_1 = \max\left[0.43, \dfrac{\eta}{\eta+5}\right]$，$\eta = E\dfrac{\kappa}{\varepsilon}$；$C_2$ 为常数；$E = \sqrt{2E_{ij}E_{ij}}$；G_κ 为由平均运动速度梯度引起的紊流动能生成项，$G_\kappa = \mu_t E^2$；σ_κ，σ_ε 分别为 κ 方程和 ε 方程的紊流普朗特数。

在计算中，取经验值 $C_2 = 1.9$，$\sigma_\kappa = 1.0$，$\sigma_\varepsilon = 1.2$。

式（4.5）和式（4.6）中，μ_t 按式（4.7）计算：

$$\mu_t = \rho C_\mu \frac{\kappa^2}{\varepsilon} \qquad (4.7)$$

式中，C_μ 不再是常量（在标准 κ-ε 模型中，C_μ 一般取经验值 0.09），而是与平均应变化率和紊流流场（κ 和 ε）等有关的一个函数[127]，可按下式计算：

$$C_\mu = \frac{1}{A_0 + A_S U^* \kappa/\varepsilon} \qquad (4.8)$$

式中，$A_0 = 4.0$；$A_S = \sqrt{6}\cos\varphi$，$\varphi = \dfrac{1}{3}\arccos(\sqrt{6}\,W)$，$W = \dfrac{E_{ij}E_{jk}E_{kj}}{(E_{ij}E_{ij})^{1/2}}$；$E_{ij} = \dfrac{1}{2}\left(\dfrac{\partial u_i}{\partial x_j} + \dfrac{\partial u_j}{\partial x_i}\right)$；$U^* = \sqrt{E_{ij}E_{ij} + \tilde{\Omega}_{ij}\tilde{\Omega}_{ij}}$；$\Omega_{ij} = \overline{\Omega}_{ij} - \varepsilon_{ij\kappa}\omega_\kappa$；$\tilde{\Omega}_{ij} = \Omega_{ij} - 2\varepsilon_{ij\kappa}\omega_\kappa$。

这里的 $\overline{\Omega}_{ij}$ 是从角速度为 ω_κ 的参考系中观察到的时均转动率张量，对于无旋转流场，上述 U^* 计算式根号中的第二项为 0。这一项引入了旋转的影响，是该模型的特点之一。

4.1.2 综掘工作面风流-粉尘两相流场运移数学模型的建立

4.1.2.1 控制方程

综掘工作面风流-粉尘颗粒两相流动为湍流两相流，对湍流两相流，需求出时平均守恒方程组[128~131]。将各瞬时量分解为时均量及脉动量，即取：$\rho = \overline{\rho} + \rho'$，$v_i = \overline{v}_i + v'_i$，$v_j = \overline{v}_j + v'_j$，$T = \overline{T} + T'$，$n_k = \overline{n}_k + n'_k$，

$v_{ki} = \bar{v}_{ki} + v'_{ki}$,　$v_{kj} = \bar{v}_{kj} + v'_{kj}$,　$T_k = \bar{T}_k + T'_k$,　$\dot{m}_k = \bar{\dot{m}}_k + \dot{m}'_k$。

k 种颗粒相连续方程：

$$\frac{\partial \rho_k}{\partial t} + \frac{\partial}{\partial x_j}(\rho_k v_{kj}) = S_k \qquad (4.9)$$

k 种颗粒相动量方程：

$$\frac{\partial}{\partial t}(\rho_k v_{ki}) + \frac{\partial}{\partial x_j}(\rho_k v_{kj} v_{ki}) = \rho_k g_i + \frac{\rho_k}{\tau_{rk}}(v_i - v_{ki}) + v_i S_k + F_{k,Mi}$$

$$(4.10)$$

k 种颗粒相能量方程：

$$\frac{\partial}{\partial t}(\rho_k c_k T_k) + \frac{\partial}{\partial x_j}(\rho_k v_{kj} c_k T_k) = n_k(Q_h - Q_k - Q_{rk}) + c_p T S_k \quad (4.11)$$

流体连续方程：

$$\frac{\partial \rho}{\partial t} + \frac{\partial}{\partial x_j}(\rho v_j) = S \qquad (4.12)$$

流体动量方程：

$$\frac{\partial}{\partial t}(\rho v_i) + \frac{\partial}{\partial x_j}(\rho v_j v_i)$$

$$= -\frac{\partial p}{\partial x_i} + \frac{\partial \tau_{ji}}{\partial x_j} + \nabla \rho g_i + \sum_k \frac{\rho_k}{\tau_{rk}}(v_{ki} - v_i) + v_i S + F_{Mi} \quad (4.13)$$

流体能量方程：

$$\frac{\partial}{\partial t}(\rho c_p T) + \frac{\partial}{\partial x_j}(\rho v_j c_p T) = \frac{\partial}{\partial x_j}\left(\lambda \frac{\partial T}{\partial x_j}\right) + w_s Q_s - q_r + \sum n_k Q_k + c_p T S$$

$$(4.14)$$

首先将颗粒相的瞬时守恒方程组式（4.9）~式（4.11）代入 $\rho_k = n_k m_k$ 后展开，并将各项均除以 m_k，可得如下形式的颗粒瞬时守恒方程组：

$$\frac{\partial n_k}{\partial t} + \frac{\partial}{\partial x_j}(n_k v_{kj}) = 0 \qquad (4.15)$$

$$\frac{\partial}{\partial t}(n_k v_{kj}) + \frac{\partial}{\partial x_j}(n_k v_{kj} v_{ki}) = n_k g_i + n_k(v_i - v_{ki})/\tau_{rk} +$$

$$(v_i - v_{ki}) n_k \dot{m}_k / m_k + F_{k,Mi}/m_k \quad (4.16)$$

$$\frac{\partial}{\partial t}(n_k c_k T_k) + \frac{\partial}{\partial x_j}(n_k v_{kj} c_k T_k) = n_k(Q_h - Q_k - Q_{rk})/m_k +$$

$$(c_p T - c_k T_k) n_k \dot{m}_k/m_k \qquad (4.17)$$

将时均值及脉动值代入流体相方程组式（4.12）~式（4.14），及颗粒相方程组式（4.9），对式（4.15）~式（4.17）进行平均，并去掉时均量的平均号，得到如下描述综掘工作面湍流气载粉尘颗粒两相流的时均方程组：

流体相连续方程：

$$\frac{\partial \rho}{\partial t} + \frac{\partial}{\partial x_j}(\rho v_j) = -\frac{\partial}{\partial x_j}(\overline{\rho' v_j'}) + S - \sum \overline{n_k' \dot{m}_k'} \qquad (4.18)$$

颗粒相连续方程：

$$\frac{\partial \rho_k}{\partial t} + \frac{\partial}{\partial x_j}(\rho_k v_{kj}) = S_k - \frac{\partial}{\partial x_j}(\overline{\rho_k' v_{kj}'}) + \overline{n_k' \dot{m}_k'} \qquad (4.19)$$

$$\frac{\partial n_k}{\partial t} + \frac{\partial}{\partial x_j}(n_k v_{kj}) = -\frac{\partial}{\partial x_j}(\overline{n_k' v_{kj}'}) \qquad (4.20)$$

流体相动量方程：

$$\frac{\partial}{\partial t}(\rho v_i) + \frac{\partial}{\partial x_j}(\rho v_j v_i)$$

$$= -\frac{\partial p}{\partial x_i} + \frac{\partial \tau_{ji}}{\partial x_j} + \Delta \rho g_i + \sum \rho_k(v_{ki} - v_i)/\tau_{rk} + v_i S + F_{Mi} -$$

$$\frac{\partial}{\partial x_j}(\rho \overline{v_j' v_i'} + v_i \overline{\rho' v_j'} + v_j \overline{\rho' v'} + \overline{\rho' v_j' v_i'}) + \sum \frac{m_k}{\tau_{rk}}(\overline{n_k' v_{ki}'} - \overline{n_k' v_i'}) -$$

$$v_i \sum \overline{n_k' \dot{m}_k'} - \sum n_k \overline{v_i' \dot{m}'} - \sum \dot{m}_k \overline{n_k' v_{ki}'} - \sum \overline{v_i' n_k' \dot{m}_k'} \qquad (4.21)$$

颗粒相动量方程：

$$\frac{\partial}{\partial t}(n_k v_{ki}) + \frac{\partial}{\partial x_j}(n_k v_{kj} v_{ki})$$

$$= n_k g_i + n_k(v_i - v_{ki})/\tau_{rk} + (v_i - v_{ki})n_k \dot{m}_k/m_k + F_{Mi}/m_k -$$

$$\frac{\partial}{\partial x_j}(n_k \overline{v_{kj}' v_{ki}'} + v_{kj} \overline{n_k' v_{ki}'} + v_{ki} \overline{n_k' v_{kj}'} + \overline{n_k' v_{kj}' v_{ki}'}) + (\overline{n_k' v_i'} - \overline{n_k' v_{ki}'})/\tau_{rk} +$$

$$(v_i \overline{n_k' \dot{m}_k'} + n_k \overline{v_i' \dot{m}_k'} + \dot{m}_k \overline{n_k' v_i'} + \overline{n_k' v_i' \dot{m}_k'} - v_{ki} \overline{n_k' \dot{m}_k'} - n_k \overline{v_{ki}' \dot{m}_k'} -$$

$$\dot{m}_k \overline{n_k' v_{ki}'} - \overline{n_k' v_{ki}' \dot{m}_k'})/m_k - \frac{\partial}{\partial t}(\overline{n_k' v_{ki}'}) \qquad (4.22)$$

流体相能量方程：

$$\frac{\partial}{\partial t}(\rho c_p T) + \frac{\partial}{\partial x_j}(\rho v_i c_p T)$$

$$= \frac{\partial}{\partial x_j}\left(\lambda \frac{\partial T}{\partial x_j}\right) + w_s Q_s - q_r + \sum n_k Q_k + c_p T S c_p T \sum \overline{n'_k \dot{m'_k}} -$$

$$c_p \sum n_k \overline{T' \dot{m'_k}} - c_p \sum \dot{m}_k \overline{n'_k T'} - \frac{\partial}{\partial t}(c_p \overline{\rho' T'}) -$$

$$\frac{\partial}{\partial x_j}(\rho c_p \overline{v'_j T'} + v_j c_p \overline{\rho' T'} + c_p T \overline{\rho' v'_j} + c_p \overline{\rho' v'_j T'}) \qquad (4.23)$$

颗粒相能量方程：

$$\frac{\partial}{\partial t}(n_k c_k T_k) + \frac{\partial}{\partial x_j}(n_k v_{kj} c_k T_k)$$

$$= n_k(Q_h - Q_k - Q_{rk})/m_k + (c_p T - c_k T_k)n_k \dot{m}_k/m_k -$$

$$\frac{\partial}{\partial t}(c_k \overline{n'_k T'_k}) - \frac{\partial}{\partial x_j}(n_k c_k \overline{v'_{kj} T'_k} + c_k v_{kj} \overline{n'_k T'_k} + c_k T_k \overline{n'_k v'_{kj}} + c_k \overline{v'_{kj} m'_k T'_k}) +$$

$$(c_p T \overline{n'_k m'_k} + c_p n_k \overline{T' m'_k} + c_p \dot{m}_k \overline{n'_k T'}) + c_p \overline{n'_k T' m'_k}/m_k -$$

$$(c_k T_k \overline{n'_k m'_k} + c_k n_k \overline{T'_k m_k} + c_k \dot{m}_k \overline{n'_k T'_k} + c_k \overline{n'_k T'_k m'_k})/m_k \qquad (4.24)$$

式（4.18）~式（4.24）描述了综掘工作面风流-粉尘颗粒湍流两相流动数学模型，是不封闭的。可用不同的湍流两相流模型对其进行简化，或者采用模拟封闭法，以求得问题的解决。对有旋颗粒，还要考虑颗粒旋动量的守恒关系。无脉动的单个颗粒的旋动量守恒关系为：

$$\frac{d\omega_{pi}}{dt_k} = (Q_{gi} - \omega_{pi})/\tau_{rk,\omega} \qquad (4.25)$$

$$\frac{d}{dt_k} = \frac{\partial}{\partial t} + v_{kj} \cdot \frac{\partial}{\partial x_j}, \tau_{rk,\omega} = \frac{\overline{\rho}_p d_k^2}{60\mu} \qquad (4.26)$$

上述方程组采用 Realizable κ-ε 模型封闭。

式（4.9）~式（4.26）中，ρ 为密度，kg/m³；ω 为流体自旋速率，r/s；τ 为时间，s；λ 为导热系数；d 为尘粒粒径，m；g 为重力加速度，m/s²；g_i 为入口粒径频率分布；m 为颗粒质量，kg；n 为颗粒数密度；Q 为流量，m³/s；Q_h 为颗粒表面热效应；r 为径向位置；S 为位移源项；T 为温度，℃；k 为第 k 种颗粒；i，j 为张量坐标。

4.1.2.2　颗粒群及与流体间相互作用

A　颗粒群的阻力

当流场中有多个颗粒同时存在时，颗粒间就会相互作用。有一类相互作用就是颗粒之间的直接接触。尺寸相同的颗粒之间直接接触的机会很少，除非颗粒浓度非常高，或者有很强的湍流脉动的场合（如旋流雾化水膜除尘器）。因为尺寸相同的颗粒其动力学特性相同，不同尺寸的颗粒之间的碰撞机会较多。另一种形式的相互作用是通过颗粒的尾流实现的，一个颗粒的尾流范围往往比其体积大 2~3 个量级。因此，即使很低的颗粒浓度，也有显著的相互作用，通过流体的间接作用，对颗粒的阻力公式造成显著影响[132~134]。

Ingebo 公式和 Rudinger 公式都只适用于颗粒浓度很低（$\alpha_p \leqslant 0.001$）的流动。对于颗粒体积分数 α_p 较高的场合，不宜采用 Ingebo 公式和 Rudinger 公式，而应根据统计方法得出对 Stokes 阻力公式的修正：

$$\psi \equiv \frac{C_D}{[C_D]_{Stokes}} = \frac{4 + 3\alpha_p + 3(8\alpha_p - 3\alpha_p^2)^{1/2}}{(2 - 3\alpha_p)^2} \qquad (4.27)$$

$\alpha_p = 0.001$、0.01 与 0.1 时，ψ 分别为 1.1、1.26 与 2.4。

颗粒雷诺数 Re 的计算也应考虑颗粒体积分数 α_p 的影响，即流体的黏性系数的确定及颗粒体积效应。对于气-固两相流，等效黏性系数可表示为：

$$\mu_{eff} = \mu \exp\left(\frac{2.5\alpha_p}{1 - S\alpha_p}\right) \qquad (4.28)$$

式中，$1.35 < S < 1.91$。

B　颗粒群弛豫时间

颗粒群弛豫过程会对气流参数产生影响，同时气流参数的变化最终也会影响颗粒群弛豫过程的进行。对于颗粒群，即使每个颗粒的阻力与单颗粒一样，计入上述效应后，气体-颗粒之间的弛豫时间也会显著缩短。

设时间为 0 时，气流与颗粒群的初速度分别为 u_{c0} 和 u_{p0}，φ_p 为颗粒群所占的质量分数，φ_c 为流体所占的质量分数，则 $\varphi_p + \varphi_c = 1$。单位质量混合介质所具有的初始动量 u_m 为 $(\varphi_c u_{c0} + \varphi_p u_{p0})$。设相间无质量交换，流场是均匀的和无限伸展的，因此 φ_p 保持不变，混合体系的总动量守恒，即：

$$\varphi_c u_c + \varphi_p u_p = \varphi_c u_{c0} + \varphi_p u_{p0} \equiv u_m \tag{4.29}$$

将式（4.29）代入描述单颗粒弛豫过程的表达式，可得：

$$\frac{du_p}{dt} = \frac{u_m - u_p}{\varphi_c \tau_V} \tag{4.30}$$

设 $u_{c0} > u_{p0}$，$0 < \varphi_p < 1$，则 $u_{p0} < u_m < u_{c0}$。经过一段时间的松弛，颗粒速度 u_p 逐渐趋近于 u_m（而不是 u_{c0}），松弛过程比单颗粒情况快（差 φ_c^{-1} 倍）。

设 τ_V 为常数，可得式（4.30）的解为：

$$
\begin{aligned}
u_p &= u_m + (u_{p0} - u_m)\exp\left(-\frac{t}{\varphi_c \tau_V}\right) \\
&= (\varphi_c u_{c0} + \varphi_p u_{p0})\left[1 - \exp\left(-\frac{t}{\varphi_c \tau_V}\right)\right] + u_{p0}\exp\left(-\frac{t}{\varphi_c \tau_V}\right)
\end{aligned}
\tag{4.31}
$$

同时，将式（4.31）代入式（4.29）得到：

$$u_c = u_{c0}\exp\left(-\frac{t}{\varphi_c \tau_V}\right) + (\varphi_c u_{c0} + \varphi_p u_{p0})\left[1 - \exp\left(-\frac{t}{\varphi_c \tau_V}\right)\right] \tag{4.32}$$

式（4.32）是没有计入颗粒群反作用力的流体动量方程。考虑颗粒群的反作用力时，气体-颗粒群的弛豫方程如下。

颗粒群和流体的运动方程：

$$\frac{\partial u_p}{\partial t} \approx \frac{du_p}{dt} = -\frac{1}{\rho_p}\frac{\partial p}{\partial x} + g_x + \frac{F^{(s)}}{m_p} \tag{4.33}$$

$$\frac{\partial u_c}{\partial t} \approx \frac{du_c}{dt} = -\frac{1}{\rho_c}\frac{\partial p}{\partial x} + g_x + \frac{\alpha_p \rho_p F^{(s)}}{\alpha_c \rho_c m_p} \tag{4.34}$$

质量守恒方程：

$$\frac{\partial}{\partial t}(\alpha_p \rho_p) = 0, \frac{\partial}{\partial t}(\alpha_c \rho_c) = 0 \tag{4.35}$$

气体-颗粒群弛豫方程：

$$u_p - u_m = \varphi_c(u_p - u_c)$$

$$= \varphi_c(u_{p0} - u_c)\exp\left[-\frac{t}{\tau_V}\left(\varphi_c + \frac{\rho_c}{2\rho_p}\right)^{-1}\right] +$$

$$\left\{1 - \exp\left[-\frac{t}{\tau_V}\left(\varphi_c + \frac{\rho_c}{2\rho_p}\right)^{-1}\right]\right\} \cdot \varphi_c\tau_V\left(\frac{1}{\rho_m} - \frac{1}{\rho_p}\right)\frac{\partial p}{\partial x}$$

$$(4.36)$$

式中，α_p，α_c 分别为混合物体积中颗粒群和流体的体积分数，并且有：

$$\frac{du_m}{dt} = -\frac{1}{\rho_m}\frac{\partial p}{\partial x} + g_x \tag{4.37}$$

$$\rho_m = \alpha_p\rho_p + \alpha_c\rho_c \tag{4.38}$$

$$u_m = \frac{1}{\rho_m}(\alpha_p\rho_p u_p + \alpha_c\rho_c u_c) = \varphi_p u_p + \varphi_c u_c \tag{4.39}$$

颗粒与气体之间的热交换是由它们之间的温度差引起，传热率正比于温度差（$T_c - T_p$）和表面积 πd^2，比例系数：

$$Q^{(s)} = h\pi d^2(T_c - T_p) \tag{4.40}$$

式中　h——传热系数。

设颗粒以相对速度 Δu 在流场中运动时，由于对流传热作用，传热率大大增加。其 Nusselt 数近似表达式为：

$$Nu = 2 + 0.6Pr^{1/3}Re^{1/2} \tag{4.41}$$

如果考虑颗粒内部的温度是均匀的，则颗粒的内能增量与温度增量的关系为 $\Delta E = m_p c_p \Delta T_p$，其中，$c_p$ 为颗粒材料的比热。利用式（3.40）给出的传热率（$Q^{(s)}$）可得到颗粒的温度变化方程为：

$$m_p c_p \frac{dT_p}{dt} = Q^{(s)} + m_p\tilde{q}_p = (Nu)\pi d\lambda(T_c - T_p) + m_p\tilde{q}_p \tag{4.42}$$

式中，m_p 为颗粒质量；$m_p\tilde{q}_p$ 为外界（不包括流体）对颗粒的加热率。

式（4.42）简化后变为：

$$\frac{dT_p}{dt} = \frac{T_c - T_p}{\tau_T} + \frac{\tilde{q}_p}{c_p} \tag{4.43}$$

$$\tau_T = \frac{2}{Nu}\tau_{T,0} \tag{4.44}$$

$$\tau_{T,0} = \frac{\rho_p d^2 c_p}{12\lambda} \tag{4.45}$$

式中，τ_T 为温度弛豫时间；$\tau_{T,0}$ 为 $Nu=2$ 时的温度弛豫时间。

温度弛豫时间 $\tau_{T,0}$ 与速度弛豫时间有如下的简单关系：

$$\tau_{T,0} = \frac{3}{2} Pr\delta\tau_{V,0} \tag{4.46}$$

其中 $\delta = c_p/c_c$，是 Prandtl 数，其定义为：

$$Pr = \mu c_c/\lambda \tag{4.47}$$

除气体与颗粒之间有传热外，与外界绝热，并忽略摩擦生热的机制。则气体热传给颗粒的同时温度将下降，气体-颗粒系的总内能保持不变，即：

$$\varphi_c c_c T_c + \varphi_p c_p T_p = \varphi_c c_c T_{c0} + \varphi_p c_p T_{p0} \equiv (\varphi_c c_c + \varphi_p c_p) T_m \tag{4.48}$$

$$\frac{T_c - T_p}{\tau_T} = \frac{T_m - T_p}{\tau_{T,TW}} \tag{4.49}$$

其中两相流的温度弛豫时间 $\tau_{T,TW}$ 定义为 $\tau_{T,TW} = \dfrac{\varphi_c c_c}{\varphi_c c_c + \varphi_p c_p}\tau_T$，

并有（不计 $\tilde{q}_p$）：

$$T_p = T_m + (T_{p0} - T_m)\exp\left(-\frac{t}{\tau_{T,TW}}\right) \tag{4.50}$$

$$T_c = T_m + (T_{c0} - T_m)\exp\left(-\frac{t}{\tau_{T,TW}}\right) \tag{4.51}$$

4.1.2.3　牵引力、传热传质系数

在前面出现的牵引力系数 C_d，传质系数 K_g 以及传热系数 h 与单个颗粒周围流体相运动特征密切相关，也与尘粒的特性相关，如尘粒的大小、形状、能量与质量交换的情况等。牵引力系数可用如下关系式确定[135]：

$$C_d = \begin{cases} 24(1 + 0.15Re_d^{0.687})/Re_d, & Re_d \leqslant 10^3 \\ 0.44, & Re_d > 10^3 \end{cases} \tag{4.52}$$

式中，Re_d 为尘粒的雷诺数，其计算表达式为：

$$Re_d = \frac{\rho \mid \vec{u} - \vec{u}_d \mid D_d}{\mu} \tag{4.53}$$

传热系数 h 可由下式确定：

$$h = \frac{k_m Nu Z}{(e^Z - 1) D_d} \tag{4.54}$$

努谢耳特数 Nu 可由 Ranz-Marshall 关系式获得，为：

$$Nu = 2(1 + 0.3Pr^{1/3}Re_d^{1/2}) \tag{4.55}$$

Pr 为普朗特数，变量 Z 定义为：

$$Z = \frac{-c_p(dm_d/dt)}{\pi D_d k_m Nu} \tag{4.56}$$

式中，黏性系数、导热系数、扩散系数均按平均温度计算。

质量传输系数 k_g 可根据下式求取：

$$k_g = \frac{Sh D_m}{R_m T_m D_d}, \quad Sh = 2(1 + 0.3Re_d^{1/2}Sc^{1/3}) \tag{4.57}$$

式中，Sc 为施密特数；Sh 为舍伍德数；R_m 为混合气体常数；D_m 为蒸汽扩散率；T_m 为平均温度。

4.1.3　风流场及气载粉尘两相流场运移的数值解法

4.1.3.1　偏微分方程的离散化

采用有限容积法对偏微分方程组进行离散化。对综掘工作面气相湍流-粉尘颗粒相湍流的双流体模型和颗粒轨道模型中的微分方程进行离散化时，取任一节点 P 的控制容积，如图 4.1 所示。W、E、S、N、T、B 分别表示节点 P 左、右、下、上、前、后方向的相邻节点；

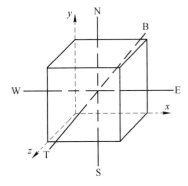

图 4.1　控制体积示意图

节点 P 的控制容积大小为 $\Delta x \Delta y \Delta z$；$u$、$v$、$w$ 表示 3 个方向的速度分

量[132,136,137]。则离散化方程为：

$$a_P \varphi_P = a_E \varphi_E + a_W \varphi_W + a_N \varphi_N + a_S \varphi_S + a_T \varphi_T + a_B \varphi_B + b$$

$$(4.58)$$

式中，$a_E = D_e A(|P_e|) + [[-F_e, 0]]$；$a_W = D_w A(|P_w|) + [[F_w, 0]]$；$a_N = D_n A(|P_n|) + [[-F_n, 0]]$；$a_S = D_s A(|P_s|) + [[F_s, 0]]$；$a_T = D_t A(|P_t|) + [[-F_t, 0]]$；$a_B = D_b A(|P_b|) + [[F_b, 0]]$；$b = S_C \Delta x \Delta y \Delta z$；$a_P = a_E + a_W + a_N + a_S + a_T + a_B - S_P \Delta x \Delta y \Delta z$；$P = \dfrac{F}{D}$；符号 $[[A, B]]$ 表示 A、B 两者中较大者；S_C、S_P 分别为对源项进行线性化处理过程中得到的常数项与比例项；P 为 Peclet 数；F 与 D 分别为对流通量与扩散通量。

定义为：$F_e = (\rho u)_e \Delta y \Delta z$，$D_e = \dfrac{\Gamma_e \Delta y \Delta z}{(\delta x)_e}$；$F_w = (\rho u)_w \Delta y \Delta z$，$D_w = \dfrac{\Gamma_w \Delta y \Delta z}{(\delta x)_w}$；$F_n = (\rho v)_n \Delta z \Delta x$，$D_n = \dfrac{\Gamma_n \Delta z \Delta x}{(\delta y)_n}$；$F_s = (\rho v)_s \Delta z \Delta x$，$D_s = \dfrac{\Gamma_s \Delta z \Delta x}{(\delta y)_s}$；$F_t = (\rho w)_t \Delta x \Delta y$，$D_t = \dfrac{\Gamma_t \Delta x \Delta y}{(\delta z)_t}$；$F_b = (\rho w)_b \Delta x \Delta y$，$D_b = \dfrac{\Gamma_b \Delta x \Delta y}{(\delta z)_b}$。

式中，δx，δy，δz 为节点 P 与其他节点之间的距离。

离散方程中 $A(|P|)$ 采用不同的定义方式，就产生不同的差分格式。本书采用混合差分格式对偏微分方程进行离散，$A(|P|)$ 定义为[138]：

$$A(|P|) = [[0, 1 - 0.5|P|]]$$

$$(4.59)$$

4.1.3.2　压力与速度耦合关系的处理方法概述

压力修正算法源于 1972 年 Patankar 和 Spalding 提出的 SIMPLE 半隐式压力相关方程算法。20 世纪 80 年代以来，Van Doormal、Raithby 等学者又相继提出了 SIMPLER、SIMPLEC、SIMPLEX 以及 SIMPLET 等算法。上述算法一般都是在交错网格（staggered grid）中实现的，在实际应用中较为成功地解决了速度与压力的耦合关系问题。但是，随着数值计算问题由二维发展到三维，由规则区域发展到不规则的复杂区域，由单重网格发展到多块、多重网格和交叉网格，交错网格的缺点日益凸现出来：描述一个完整的交错网格需要存储三个方向的交错速度网格和一个质量控制容积网格，因此存储量和计算工作量都是十分庞大的；而且交错网格对于网格的光滑性有高度的敏感性。这些缺点使程序的编制非常复杂和不便。

4.1.3.3 基于同位网格的 SIMPLE 算法

所谓同位网格（collocated grid），就是指把速度 u、v、w 及压力 p 同时存储于同一网格节点上，而不像交错网格那样将主控制体积[139]作为求解压力 p 的控制体积，将在 x、y 和 z 方向有半个网格步长错位的控制体积作为求解速度 u、v 和 w 的控制体积。同位网格实际上是普通的网格系统，即系统中只存在一种类型的控制体积，所有的变量均在此控制体积的中心点处定义和存储，所有控制方程均在该控制体积上进行离散，如图 4.2 所示。为方便起见，只给出二维的网格，前后方向的网格可依此类推。

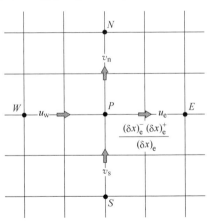

图 4.2　同位网格示意图

基于同位网格的 SIMPLE 算法不必为速度和压力构造不同的控制体积，编程较简单，特别适合于三维复杂问题的计算。同位网格的成功应用，还为目前基于非结构网格的流场模拟提供了依据。

4.1.4　综掘机截割头附近粉尘浓度分布数值模拟

本书应用 Fluent 软件，基于建立的综掘工作面风流-粉尘颗粒两相流场运移数学模型和同位网格的 SIMPLE 算法模拟了蒋庄煤矿 $3_\text{下}$ 1101 煤巷综掘工作面粉尘流场运移规律[140~152]。

4.1.4.1　综掘工作面物理几何模型的建立及边界条件设置

为了准确地数值模拟出蒋庄煤矿 $3_下$ 1101 煤巷综掘工作面粉尘分布、运移规律，应用 Fluent 自带的前处理软件 GAMBIT 建立了蒋庄煤矿 $3_下$ 1101 煤巷综掘工作面的等比例物理模型，构建的物理几何模型由巷道、掘进机、压入式风筒、转载机及胶带输送机五大部分构成，其中，掘进机分为机体、截割部、行走履带、铲板四部分。采用 GAMBIT 软件对所建的物理模型进行了网格划分。表 4.1 为 $3_下$ 1101 煤巷综掘工作面物理模型参数表，图 4.3 所示为使用 GAMBIT 建立的蒋庄煤矿 $3_下$ 1101 煤巷综掘工作面物理模型。

表 4.1　$3_下$ 1101 煤巷综掘工作面物理模型参数

构件名称	参数名称	$3_下$ 1101 煤巷
巷道	形状	长方体
	长×宽×高/m	40×4.5×3.2
	机体形状	长方体
	机体的长×宽×高/m	6×2.4×1.7
	单条行走履带的长×宽×高/m	4×0.5×0.5
掘进机	铲板形状	三角形体
	铲板的长×宽×高/m	3.2×0.3×0.83
	截割臂形状	轴向圆柱体
	截割臂的长×直径/m	1.7×0.8
	截割头形状	轴向圆柱体与半球状体的复合体
	截割头圆柱体的长×直径/m	1.1×1
	截割头半球形体的直径/m	1
压入式风筒	形状	轴向圆柱体
	直径/m	0.6
	压风口与迎头距离/m	8
	中轴线距地面高度/m	2.7
	相对掘进机位置	紧贴掘进机边缘

续表 4.1

构件名称	参数名称	3下1101 煤巷
转载机	形状	长方体
	长×宽×高/m	16.5×0.9×0.4
	距底板高度/m	1
	与迎头距离/m	9.3
有轨胶带输送机	形状	长方体
	长×宽×高/m	14.2×1.2×0.25
	距底板高度/m	0.15
	与迎头距离/m	25.8

图 4.3 蒋庄煤矿 3下1101 综掘工作面物理模型

将建立完成的 3下1101 煤巷综掘工作面几何模型导入到 Fluent 中，对该模型风流场边界条件进行设定并对风流运移情况进行模拟，待风流模拟收敛后再加入粉尘颗粒对粉尘运移情况进行模拟，风流场边界条件和粉尘颗粒源主要参数设定情况见表 4.2。

表 4.2 边界条件和颗粒源主要参数设定

项 目	名 称	参数设置
风流场边界条件设定	入口边界类型	VELOCITY_INLET
	入口速度/m·s^{-1}	12.1
	湍流动力能量/m^2·s^{-2}	0.8
	湍流扩散比率/m^2·s^{-3}	0.8
	出口边界类型	OUTFLOW
粉尘颗粒源主要参数设定	粉尘粒径分布	Rosin-Rammler 分布
	粉尘最小粒径/m	0.85×10^{-6}
	粉尘最大粒径/m	2.185×10^{-5}
	粉尘中位径/m	4.57×10^{-6}

项　目	名　　称	参数设置
粉尘颗粒源主要参数设定	分布指数	1.77
	粉尘初始速度/m·s^{-1}	0
	粉尘质量流率/kg·s^{-1}	0.069
	颗粒轨道跟踪次数	3200
	积分时间尺度常数	0.23
	收敛精度	10^{-3}
	颗粒温度/m^2·s^{-2}	0.08
	体积分数/%	4.75×10^{-6}

4.1.4.2　数值模拟结果分析

由于本书研究重点为泡沫覆盖区域粉尘分布情况，故而本节重点对综掘机截割区域粉尘分布情况进行分析研究，综掘工作面整条巷道风流及粉尘分布情况不是本节研究的重点，故而不做过多赘述。数值模拟时，X方向代表巷道宽度方向，坐标范围为$-2.25 \sim 2.25$m，正方向指向压入式风筒一侧；Y方向代表巷道高度方向，坐标范围为$-1.35 \sim 1.85$m，正方向指向顶板；Z方向代表巷道长度方向，坐标范围为$-36.7 \sim 3.3$m，正方向指向综掘机迎头方向。为了得出综掘机截割区域粉尘浓度分布情况，沿巷道长度方向（即Z方向）从煤壁开始向巷道后方截图，并对粉尘浓度分布情况进行分析，结果如图4.4所示。

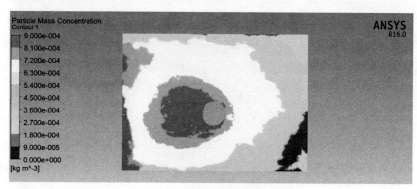

(a) $Z=3.2$m粉尘浓度分布情况

(b) $Z=2.9$m粉尘浓度分布情况

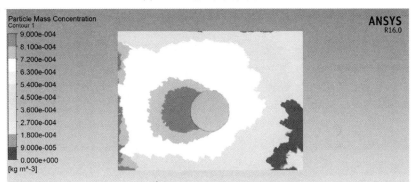

(c) $Z=2.6$m粉尘浓度分布情况

(d) $Z=2.3$m粉尘浓度分布情况

(e) $Z=2.0$m粉尘浓度分布情况

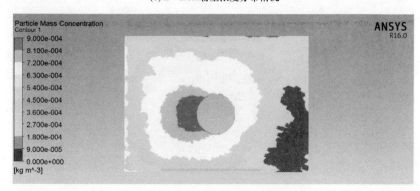

(f) $Z=1.7$m粉尘浓度分布情况

(g) $Z=1.4$m粉尘浓度分布情况

(h) $Z=1.3$m粉尘浓度分布情况

(i) $Z=1.2$m粉尘浓度分布情况

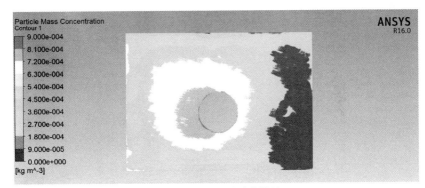

(j) $Z=1.1$m粉尘浓度分布情况

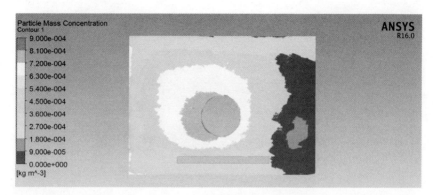

(k) $Z=0.8$m粉尘浓度分布情况

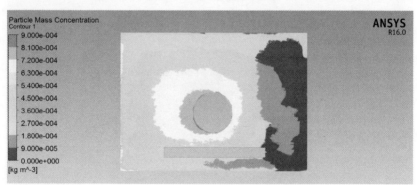

(l) $Z=0.5$m粉尘浓度分布情况

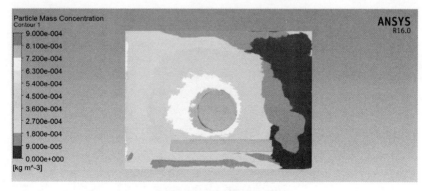

(m) $Z=0.2$m粉尘浓度分布情况

(n) Z=0.1m粉尘浓度分布情况

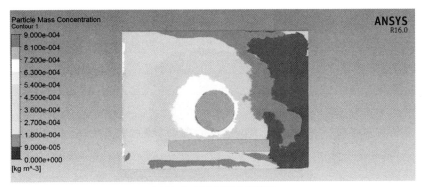

(o) Z=0m粉尘浓度分布情况

图 4.4 巷道长度方向粉尘浓度分布情况数值模拟结果

通过数值模拟结果可知：当 $Z=3.2\sim0$m 进行改变时，即随着沿巷道长度方向离综掘机截割头越来越远，综掘机截割头及截割臂附近区域的粉尘浓度区间也逐渐发生变化，表 4.3 中展示了 $Z=3.2\sim$ 0m 不同位置处粉尘浓度区间分布情况。

表 4.3 不同位置所含粉尘浓度区间情况 （mg/m³）

位置 Z/m	所含浓度区间
3.2	810~900、720~810、630~720、450~540、270~360、90~180、0~90
2.9	810~900、720~810、630~720、450~540、270~360、90~180、0~90
2.6	810~900、720~810、630~720、450~540、270~360、90~180、0~90

位置 Z/m	所含浓度区间
2.3	810~900、720~810、630~720、450~540、270~360、90~180、0~90
2.0	810~900、720~810、630~720、450~540、270~360、90~180、0~90
1.7	810~900、720~810、630~720、450~540、270~360、90~180、0~90
1.4	810~900、720~810、630~720、450~540、270~360、90~180、0~90
1.3	810~900、720~810、630~720、450~540、270~360、90~180、0~90
1.2	810~900、720~810、630~720、450~540、270~360、90~180、0~90
1.1	720~810、630~720、450~540、270~360、90~180、0~90
0.8	720~810、630~720、450~540、270~360、90~180、0~90
0.5	720~810、630~720、450~540、270~360、90~180、0~90
0.2	720~810、630~720、450~540、270~360、90~180、0~90
0.1	720~810、630~720、450~540、270~360、90~180、0~90
0	630~720、450~540、270~360、90~180、0~90

由图 4.4 和表 4.3 可知：

在综掘机截割头周围粉尘浓度呈环状阶梯形式分布，越靠近综掘机截割头附近，粉尘浓度越高，且环状区域向综掘机回风侧有所偏移，这是由于受压入式风筒风流的影响导致粉尘向回风侧扩散的缘故。通过对比 $Z=3.2~0m$ 粉尘浓度剖面图情况可知，浓度范围为 $810~900mg/m^3$ 的粉尘浓度区间仅存在于 $Z=3.2~1.2m$ 范围内，浓度范围为 $720~810mg/m^3$ 的粉尘浓度区间仅存在于 $Z=3.2~0.1m$ 范围内，粉尘浓度低于 $720mg/m^3$ 的浓度区间在 $Z=0m$ 时仍然存在，这说明，粉尘浓度低于 $720mg/m^3$ 的粉尘已经扩散至截割区域后方，范围较大，粉尘高度集中而未进行大面积扩散的浓度范围为 $720mg/m^3$ 以上，而 $720mg/m^3$ 以上的浓度区间主要有两个，即 $720~810mg/m^3$ 和 $810~900mg/m^3$，将上述两个区间分别定义为原始产尘区和粉尘扩散区，作为泡沫除尘重点覆盖区域。

从 $Z=3.2~0m$ 粉尘浓度分布剖面图可知，各浓度区间粉尘主要呈环形分布于综掘机截割头附近且随着距离煤壁越来越远，原始产尘区和粉尘扩散区的范围越来越小，采用量取坐标的方式，得出 $Z=$

3.2~0m 剖面图中原始产尘区和粉尘扩散区的等效圆直径，见表4.4。

表4.4 不同粉尘区间等效圆直径分布情况

原始产尘区		粉尘扩散区	
位置 Z/m	等效圆直径/m	位置 Z/m	等效圆直径/m
3.2	1.50	3.2	2.0
2.9	1.42	2.9	1.87
2.6	1.33	2.6	1.79
2.3	1.25	2.3	1.65
2.0	1.19	2.0	1.57
1.7	1.12	1.7	1.48
1.4	1.04	1.4	1.37
1.3	1.02	1.3	1.32
1.2	1.0（即截割臂直径）	1.2	1.29
1.1	1.0（即截割臂直径）	1.1	1.25
0.8	1.0（即截割臂直径）	0.8	1.16
0.5	1.0（即截割臂直径）	0.5	1.09
0.2	1.0（即截割臂直径）	0.2	1.02
0.1	1.0（即截割臂直径）	0.1	1.0（即截割臂直径）
0	1.0（即截割臂直径）	0	1.0（即截割臂直径）

通过表4.4得出的数据可知：

（1）原始产尘区域存在的范围为 $Z=3.2\sim1.2m$，计算可知，该区域长度为 2m，原始产尘区域最小等效圆直径为 1.0m，最大等效圆直径为 1.5m，由此将原始产尘区域近似为一底面圆直径分别为 1.0m 和 1.5m，高为 2m 的横向圆台，通过计算可知，该等效圆台在 $Z=2.9m$、$Z=2.6m$、$Z=2.3m$、$Z=2.0m$、$Z=1.7m$、$Z=1.4m$、$Z=1.3m$ 处的底面圆直径分别为 1.425m、1.35m、1.275m、1.2m、1.125m、1.05m、1.025m，对比表4.4 中的数据可知，该等效圆柱体在同位置处的底面圆直径均大于粉尘区间等效圆直径，即该等效圆台可完全覆盖原始产尘区域，可最大程度地代表原始产尘区域的形状和大小。

（2）粉尘扩散区域存在的范围为 $Z = 3.2 \sim 0.1\mathrm{m}$，计算可知，该区域长度为 3.1m，粉尘扩散区域最小等效圆直径为 1.0m，最大等效圆直径为 2.0m，由此将粉尘扩散区域近似为一底面圆直径分别为 1.0m 和 2.0m，高为 3.1m 的横向圆台，通过计算可知，该等效圆台在 $Z = 2.9\mathrm{m}$、$Z = 2.6\mathrm{m}$、$Z = 2.3\mathrm{m}$、$Z = 2.0\mathrm{m}$、$Z = 1.7\mathrm{m}$、$Z = 1.4\mathrm{m}$、$Z = 1.3\mathrm{m}$、$Z = 1.2\mathrm{m}$、$Z = 1.1\mathrm{m}$、$Z = 0.8\mathrm{m}$、$Z = 0.5\mathrm{m}$、$Z = 0.2\mathrm{m}$ 处的底面圆直径分别为 1.903m、1.807m、1.709m、1.613m、1.516m、1.419m、1.387m、1.355m、1.323m、1.226m、1.129m、1.033m、对比表 4.4 中的数据可知，该等效圆柱体在同位置处的底面圆直径均大于粉尘区间等效圆直径，即该等效圆台可完全覆盖原始产尘区域，可最大程度地代表粉尘扩散区域的形状和大小。

（3）原始产尘区域最大等效圆的圆心坐标为（-0.5，0，1.2），粉尘扩散区最大等效圆的圆心坐标为（-0.5，0，0.1），而综掘机截割臂中心坐标为（0，0，0），由此可知，原始产尘区域和粉尘扩散区域等效圆圆心向综掘机逆风侧偏移距离为 0.5m，即要想将原始产尘区域和粉尘扩散区域完全覆盖，喷嘴支架圆心应位于综掘机截割臂中心在横向方向上向逆风侧偏移 0.5m 处进行安装。

通过上述分析，将综掘机截割区域粉尘浓度区间划分为原始产尘区和粉尘扩散区，并通过计算得出了两个区域的近似模型及模型尺寸，为下一步实验提供了依据。

4.2 不同粉尘浓度区间泡沫量匹配实验研究

4.2.1 不同粉尘浓度区间实体模型的建立

4.2.1.1 综掘机滚筒实体模型的建立

根据蒋庄煤矿综掘机滚筒的实际尺寸，将综掘机实体模型的尺寸确定为一圆柱体和半球体的结合体，其中，圆柱体高为 1.1m，底面圆直径为 1m，半球体直径为 1m，制作实体模型时为了便于制作将综掘机滚筒区域近似为一高为 1.6m、底面圆直径为 1m 的横向圆柱体，采用白铁皮为原材料制作模型（图 4.5），为了后期实验时计算覆盖面积方便，在模型表面沿轴向方向每隔 10cm 划一道线，采用该种方法将综掘机滚筒区域实体模型沿轴向方向平均分为 16 份完全相同的小圆柱体，进而沿周长方向将模型平均分为 16 份并划线，采用该种方法把 16 个小圆柱圆台的表面平均分为 16 份扇环型区域。经过上述划分，综掘机滚筒区域圆柱体表面被平均分为 256 份。

图 4.5　综掘机滚筒实体模型实物图

通过如下方法计算得出扇环型的面积。

首先计算大圆柱体的侧面积：

$$S_{圆柱} = \pi dh = 3.14 \times 1 \times 1.6 = 5.024 \text{m}^2$$

进而得出扇环形区域面积为：

$$S_{环形} = \frac{S_{圆柱}}{256} = 0.019625 \text{m}^2$$

4.2.1.2　原始产尘区实体模型的建立

根据数值模拟结果计算出的原始产尘区大小和形状，将原始产尘区近似为一横向圆台形状，圆台的两个底面圆直径分别为 1m 和 1.5m，高为 2m。采用白铁皮制作原始产尘区域的实体模型（图 4.6），同样地，为了方便后期计算泡沫覆盖面积，在模型表面沿轴向方向每隔 20cm 划一道线，采用该种方法将粉尘扩散区域实体模型沿轴向方向划分为 10 种不同类型的圆台，进而沿周长方向将模型平均分为 16 份并划线，采用该种方法即把 10 种不同类型圆台的表面划分为扇环型区域。10 种不同类型圆台的扇环型方格面积分别编号为 $S_{1扇环}$、$S_{2扇环}$、$S_{3扇环}$、$S_{4扇环}$、$S_{5扇环}$、$S_{6扇环}$、$S_{7扇环}$、$S_{8扇环}$、$S_{9扇环}$、$S_{10扇环}$。

图 4.6   原始产尘区实体模型实物图

接下来，就需要通过采用计算的方法将 10 种扇环型区域的面积得出，基本思路为：由于圆台是圆锥的一部分，首选将原始产尘区域模型圆台所属的圆锥表面积得出，那么沿轴向方向每隔 20cm 所画的环行线就把圆锥分成了若干小圆锥，利用第 $n+1$ 个小圆锥的表面积减去第 n 个小圆锥的表面积就可得出两者之间小圆台的表面积，进而除以 16 即可得出扇环型区域的面积。

采用上述计算方法，计算 10 种扇环型区域的面积如下。

首先以各圆锥对应的纵切面三角形为研究对象，如图 4.7 所示。

设三角形底边长分别为 d_1、d_2、d_3、d_4、d_5、d_6、d_7、d_8、d_9、d_{10}、d_{11}，左侧第一个三角形的高为 x，通过公式：

$$\frac{1}{1.5} = \frac{x}{x+2}$$

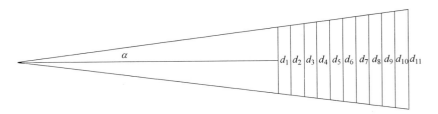

图4.7 各圆锥对应三角形纵切面分布图

求得最左侧三角形高为4m。

采用相似三角形高之比等于底之比理论得出 d_n 的计算公式为：

$$\frac{d_n}{1.5} = \frac{4 + (n-1) \times 0.2}{6}$$

求得

$$d_n = \frac{0.1n + 1.9}{2}$$

第 n 个圆锥的底面圆周长为 $L_n = \pi d_n = \pi \frac{0.1n + 1.9}{2}$。

设三角形顶角的一半为角 α，进而通过计算得出角 α 的大小，计算过程如下：

$$\tan\alpha = \frac{0.5}{4} = 0.125$$

得出：

$$\alpha = 7.13°$$

则：

$$\sin\alpha = \sin 7.13° = 0.124$$

第 n 个圆锥的母线长度 R_n：

$$\sin\alpha = \frac{\frac{d_n}{2}}{R_n}$$

进而得出第 n 个圆锥的母线长度为：

$$R_n = \frac{d_n}{0.248} = \frac{0.1n + 1.9}{0.496}$$

根据圆锥侧面积公式 $S = \frac{1}{2}LR$ 计算得出第 n 个圆锥的侧面积为：

$$S_n = \frac{1}{2}L_nR_n = \frac{\pi d_n^2}{0.496}(1 \leqslant n \leqslant 10)$$

通过上述公式计算出 11 组圆锥的侧面积，见表 4.5。

表 4.5　各圆台对应圆锥侧面积大小计算结果

圆锥编号	面积大小/m²
第 1 组	6.3306
第 2 组	6.9795
第 3 组	7.6601
第 4 组	8.3723
第 5 组	9.1161
第 6 组	9.8916
第 7 组	10.6988
第 8 组	11.5376
第 9 组	12.4081
第 10 组	13.3102
第 11 组	14.2440

根据公式

$$S_{n圆台} = S_{n+1圆锥} - S_{n圆锥}$$

$$S_{n扇环} = \frac{S_{n圆台}}{16}$$

计算得出 10 组不同形状的圆台及各自分割后所得扇环区域的面积，见表 4.6。

表 4.6　各圆台及扇环型面积计算结果

编　号	圆台侧面积大小/m²	扇形面积/m²
第 1 组	0.6489	0.0406
第 2 组	0.6806	0.0425
第 3 组	0.7122	0.0445
第 4 组	0.7438	0.0465
第 5 组	0.7755	0.0485

编　号	圆台侧面积大小/m²	扇形面积/m²
第 6 组	0.8072	0.0505
第 7 组	0.8388	0.0524
第 8 组	0.8705	0.0544
第 9 组	0.9021	0.0564
第 10 组	0.9338	0.0584

4.2.1.3 粉尘扩散区实体模型的建立

　　根据数值模拟结果得出的粉尘扩散区域大小和形状，将粉尘扩散区近似为底面圆直径分别为 1m 和 2m、高为 3.1m 的横向圆台，采用铁皮制作粉尘扩散区域的实体模型（图 4.8），并在模型表面沿轴向方向每隔 20cm 划一道线，采用该种方法将粉尘扩散区域实体模型沿轴向方向划分为 16 种不同类型的圆台，进而沿周长方向将模型平均分为 16 份并划线，采用该种方法把 16 种不同类型圆台的表面平均分为 16 份扇环型区域。沿粉尘扩散区域实体模型轴向方向将 16 种不同类型圆台的扇环型方格面积分别编号为 $S_{1扇环}$、$S_{2扇环}$、$S_{3扇环}$、$S_{4扇环}$、$S_{5扇环}$、$S_{6扇环}$、$S_{7扇环}$、$S_{8扇环}$、$S_{9扇环}$、$S_{10扇环}$、$S_{11扇环}$、$S_{12扇环}$、$S_{13扇环}$、$S_{14扇环}$、$S_{15扇环}$、$S_{16扇环}$。

图 4.8　粉尘扩散区实体模型实物图

采用原始产尘区扇环型区域面积计算方法对原始产尘区扇环型区域的面积进行计算，计算过程如下。

同样地，以各圆锥对应的纵切面三角形为研究对象，如图4.9所示。

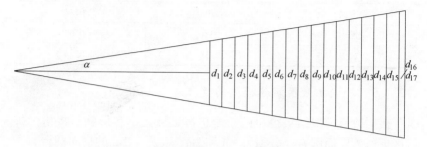

图4.9　各圆锥对应三角形纵切面分布图

设三角形底边长分别为d_1、d_2、d_3、d_4、d_5、d_6、d_7、d_8、d_9、d_{10}、d_{11}、d_{12}、d_{13}、d_{14}、d_{15}、d_{16}、d_{17}，左侧第一个三角形的高为x，通过公式：

$$\frac{1}{2} = \frac{x}{x + 3.1}$$

求得左侧第一个三角形的高为3.1m。

采用相似三角形高之比等于底之比理论得出d_n的计算公式为：

$$\frac{d_n}{2} = \frac{3.1 + (n - 1) \times 0.2}{6.2}$$

$$d_n = \frac{0.2n + 2.9}{3.1}$$

第n个圆锥的底面圆周长为$L_n = \pi d_n = \pi \dfrac{0.2n + 2.9}{3.1}$。

设三角形顶角的一半为角α，计算得出角α的大小，计算过程如下：

$$\tan\alpha = \frac{0.5}{3.1}$$

得出：

$$\alpha = 9.16°$$

则：
$$\sin\alpha = \sin9.16° = 0.16$$

利用式（4.2）计算第 n 个圆锥的母线长度 R_n：

$$\sin\alpha = \frac{\dfrac{d_n}{2}}{R_n}$$

进而得出第 n 个圆锥的母线长度为：

$$R_n = \frac{d_n}{0.32} = \frac{0.2n + 2.9}{0.992}$$

根据圆锥侧面积公式 $S = \dfrac{1}{2}LR$ 计算得出第 n 个圆锥的侧面积为：

$$S_n = \frac{1}{2}L_nR_n = \frac{\pi d_n^2}{0.64} \quad (1 \leqslant n \leqslant 16)$$

第 17 组圆锥即粉尘扩散区圆台所属整个大圆锥体的侧面积为：

$$S_{圆锥} = \frac{1}{2}LR$$

其中，$L = 3.14 \times 2 = 6.28$

大圆锥母线长度为 $R = \dfrac{1}{\sin\alpha} = \dfrac{1}{0.16} = 6.25$

则第 17 组圆锥的侧面积为：

$$S_{圆锥} = \frac{1}{2} \times 6.28 \times 6.25 = 19.625$$

通过上述公式计算出 17 组圆锥的侧面积，见表 4.7。

表 4.7 各圆台对应圆锥侧面积大小计算结果

圆锥编号	面积大小/m^2
第 1 组	4.9063
第 2 组	5.5598
第 3 组	6.2540
第 4 组	6.9894
第 5 组	7.7651
第 6 组	8.5820

圆锥编号	面积大小/m^2
第 7 组	9.4396
第 8 组	10.3385
第 9 组	11.2775
第 10 组	12.2578
第 11 组	13.2793
第 12 组	14.3410
第 13 组	15.4439
第 14 组	16.5875
第 15 组	17.7719
第 16 组	18.9970
第 17 组	19.6250

根据公式

$$S_{n圆台} = S_{n+1圆锥} - S_{n圆锥}$$

$$S_{n扇环} = \frac{S_{n圆台}}{16}$$

计算得出 16 组不同形状的圆台及各自分割后所得扇环区域的面积，见表 4.8。

表 4.8   各圆台及扇环型面积计算结果

编 号	圆台侧面积大小/m^2	扇环面积/m^2
第 1 组	0.6535	0.0408
第 2 组	0.6942	0.0434
第 3 组	0.7354	0.0460
第 4 组	0.7757	0.0485
第 5 组	0.8169	0.0511
第 6 组	0.8576	0.0536
第 7 组	0.8988	0.0562
第 8 组	0.9391	0.0587

编　号	圆台侧面积大小/m²	扇环面积/m²
第 9 组	0.9803	0.0613
第 10 组	1.0215	0.0638
第 11 组	1.0617	0.0664
第 12 组	1.1029	0.0689
第 13 组	1.1436	0.0715
第 14 组	1.1844	0.0740
第 15 组	1.2251	0.0766
第 16 组	0.6280	0.0393

通过本节的研究建立了综掘机截割区域不同粉尘浓度区间实体模型，对实体模型表面积进行了划分并通过计算得出了划分后得出的最小区间面积，接下来在泡沫量匹配实验中，只需要数出泡沫覆盖不同最小扇环型区间的个数，就可得出泡沫覆盖面积，为泡沫量匹配实验研究打下了基础。

4.2.2　不同粉尘浓度区间匹配泡沫量实验研究

4.2.2.1　实验方法

为了得出覆盖不同粉尘浓度区间所需的最佳泡沫量，本书进行了不同粉尘浓度区间泡沫量匹配实验，考虑到综掘工作面现场风流对泡沫覆盖的影响[153]，在粉尘区间实体模型旁边增设了 2 台用于供风的风扇。实验时，把泡沫覆盖面积作为实验指标，实验因素为泡沫喷嘴个数和发泡量，水压选定为 1.2MPa，气压为 0.5MPa，气液比为最佳气液比 55∶1，水流量分别为 15L/min、18L/min、20L/min、22L/min、25L/min、28L/min、30L/min，根据 3.5.3 实验结果可知，此时对应的发泡量分别为 791.8L/min、950.2L/min、1055.8L/min、1161.4L/min、1319.7L/min、1478.1L/min、1583.7L/min。分别测量在上述发泡量条件下，喷嘴个数为 3、4、5、6、7 时综掘机滚筒区、原始产尘区、粉尘扩散区的覆盖面积，最终通过优选得出覆盖三个区域所需的最佳喷嘴个数和最佳发泡量。

A 喷嘴布置方式

实验时，选用的泡沫喷嘴为东莞长原喷雾技术有限公司生产的扇形泡沫喷嘴，喷嘴雾化角为90°，材料为不锈钢材质，喷嘴布置方式为沿圆周方向均匀布置，通过数值模拟结果可知，综掘机滚筒区域泡沫量匹配实验喷嘴呈水平方向进行布置，原始产尘区域泡沫量匹配实验喷嘴应与水平方向呈7.13°夹角向喷嘴支架外侧偏移，粉尘扩散区域泡沫量匹配实验喷嘴应与水平方向呈9.16°夹角向喷嘴支架外侧偏移，从而保证喷嘴射流包裹形状与粉尘区间形状大致相同。

B 风速条件的设定

考虑到综掘工作面现场风速会对泡沫覆盖范围产生影响，因此，实验需在模拟综掘工作面风流的条件下进行，采用工业用坐地扇对综掘工作面风速情况进行模拟仿真，由于泡沫喷射时是属于逆风喷射状态，因此，风扇在摆放时面向喷嘴泡沫出口（图4.5、图4.6、图4.8），此外，考虑到自然风流的影响，在实验时特意选择了在无自然风（经测定，实验当天自然风风速为0.1m/s）条件下进行。实验所用的风扇可分为1、2、3三个不同挡位，对应的风扇转速越来越高。通过调研得知，蒋庄煤矿综掘工作面现场综掘机截割头处的风速为1.5m/s，为了使实验结果更加接近矿井综掘工作面现场的实际情况，首先需要对风扇选用的挡位和风扇距粉尘区间模型的距离进行确定。具体方法为：用风速仪对风扇产生的风速进行测定，分别测量风扇挡位为1、2、3时，距离风扇2m、2.5m、3m、3.5m的风速，选择一个风扇挡位和距离的最佳组合作为实验条件。风速测量结果见表4.9。

表4.9 不同风扇参数对应风速测定结果 (m/s)

距离/m	风扇挡位		
	1	2	3
2.0	0.63	1.86	2.93
2.5	0.51	1.52	2.46

续表4.9

距离/m	风扇挡位		
	1	2	3
3.0	0.42	1.24	2.07
3.5	0.35	1.05	1.73

通过实验结果可以得出，风扇挡位为2，与风扇距离为2.5m位置处的风速与综掘工作面现场风速大体一致，故而实验时选择风扇挡位为2挡，粉尘浓度区间实体模型摆放位置距离风扇2.5m。

4.2.2.2 实验结果分析

根据对前期实体模型表面积的计算可知，综掘机滚筒区域、原始产尘区域和粉尘扩散区域的表面积分别为 $5.024m^2$、$7.913m^2$ 和 $14.719m^2$，当覆盖面积达到上述数值时表示已经完全覆盖（图4.10）。

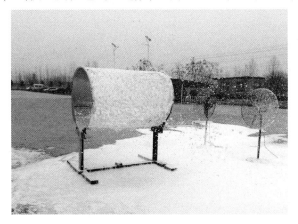

图4.10 综掘机滚筒区泡沫覆盖效果

A 综掘机滚筒区域泡沫量匹配实验

由表4.10和图4.11实验结果可知，当喷嘴个数为3个时，只有当泡沫量大于1055.8L/min时方可将综掘机滚筒实体模型范围全部覆盖；而当喷嘴个数为4、5、6、7时，发泡量为791.8L/min以上时均可将模型全部覆盖，因此，还需通过进一步实验得出喷嘴个数为4、5、6、7时对应的最小泡沫量。

表 4.10　综掘机滚筒区域泡沫量匹配实验结果

水流量 /L·min⁻¹	气流量 /L·min⁻¹	气液比	喷嘴个数			
			3		4	
			发泡量 /L·min⁻¹	覆盖面积/m²	发泡量 /L·min⁻¹	覆盖面积/m²
15	825	55:1	791.8	3.386	791.8	5.024
18	990	55:1	950.2	4.275	950.2	5.024
20	1100	55:1	1055.8	5.024	1055.8	5.024
22	1210	55:1	1161.4	5.024	1161.4	5.024
25	1375	55:1	1319.7	5.024	1319.7	5.024
28	1540	55:1	1478.1	5.024	1478.1	5.024
30	1650	55:1	1583.7	5.024	1583.7	5.024

水流量 /L·min⁻¹	气流量 /L·min⁻¹	气液比	喷嘴个数			
			5		6	
			发泡量 /L·min⁻¹	覆盖面积/m²	发泡量 /L·min⁻¹	覆盖面积/m²
15	825	55:1	791.8	5.024	791.8	5.024
18	990	55:1	950.2	5.024	950.2	5.024
20	1100	55:1	1055.8	5.024	1055.8	5.024
22	1210	55:1	1161.4	5.024	1161.4	5.024
25	1375	55:1	1319.7	5.024	1319.7	5.024
28	1540	55:1	1478.1	5.024	1478.1	5.024
30	1650	55:1	1583.7	5.024	1583.7	5.024

水流量 /L·min⁻¹	气流量 /L·min⁻¹	气液比	喷嘴个数	
			7	
			发泡量/L·min⁻¹	覆盖面积/m²
15	825	55:1	791.8	5.024
18	990	55:1	950.2	5.024
20	1100	55:1	1055.8	5.024
22	1210	55:1	1161.4	5.024

水流量 /L·min⁻¹	气流量 /L·min⁻¹	气液比	喷嘴个数 7	
			发泡量/L·min⁻¹	覆盖面积/m²
25	1375	55∶1	1319.7	5.024
28	1540	55∶1	1478.1	5.024
30	1650	55∶1	1583.7	5.024

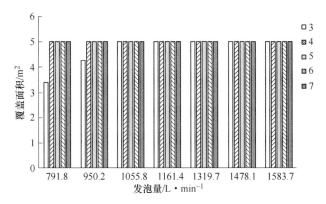

图 4.11 综掘机滚筒区泡沫量匹配实验结果

由表 4.11 实验结果可知，泡沫喷嘴个数为 4、5、6、7 时，完全覆盖模型所需的最小泡沫量均为 527.5L/min，因此，结合实验结果可知，覆盖综掘机滚筒区域所需的最小泡沫量为 527.5L/min，所用喷嘴的最少个数为 4 个。

表 4.11 喷嘴个数为 4、5、6、7 最优泡沫量实验结果

水流量 /L·min⁻¹	气流量 /L·min⁻¹	气液比	喷嘴个数			
			4		5	
			发泡量 /L·min⁻¹	覆盖面积/m²	发泡量 /L·min⁻¹	覆盖面积/m²
5	275	55∶1	258.9	3.517	258.9	3.805
8	440	55∶1	415.6	4.082	415.6	4.361
10	550	55∶1	527.5	5.024	527.5	5.024
12	660	55∶1	636.8	5.024	636.8	5.024

水流量 /L·min⁻¹	气流量 /L·min⁻¹	气液比	喷嘴个数			
			6		7	
			发泡量 /L·min⁻¹	覆盖面积/m²	发泡量 /L·min⁻¹	覆盖面积/m²
5	275	55:1	258.9	4.288	258.9	4.573
8	440	55:1	415.6	4.725	415.6	4.962
10	550	55:1	527.5	5.024	527.5	5.024
12	660	55:1	636.8	5.024	636.8	5.024

B 原始产尘区域泡沫量匹配实验

由表 4.12、图 4.12 和图 4.13 实验结果可以得出，泡沫喷嘴个数为 3 个时，即使泡沫量达到了 1583.7L/min 仍不能将原始产尘区域完全覆盖，因此，覆盖原始产尘区域所用喷嘴个数应多于 3 个；当喷嘴个数为 4 个时，完全覆盖原始产尘区模型所需的最小泡沫量为 1161.4L/min；喷嘴个数为 5、6、7 个时，完全覆盖原始产尘区模型所需的最小泡沫量均为 1055.8L/min，因此得出结论：完全覆盖原始产尘区所需的最小泡沫量为 1055.8L/min，对应的最少泡沫喷嘴个数为 5 个。

图 4.12 原始产尘区泡沫覆盖效果

表 4.12 原始产尘区域泡沫量匹配实验结果

水流量 /L·min⁻¹	气流量 /L·min⁻¹	气液比	喷嘴个数			
			3		4	
			发泡量 /L·min⁻¹	覆盖面积/m²	发泡量 /L·min⁻¹	覆盖面积/m²
15	825	55:1	791.8	5.762	791.8	6.425
18	990	55:1	950.2	5.973	950.2	6.873
20	1100	55:1	1055.8	6.125	1055.8	7.386
22	1210	55:1	1161.4	6.588	1161.4	7.913
25	1375	55:1	1319.7	6.826	1319.7	7.913
28	1540	55:1	1478.1	7.102	1478.1	7.913
30	1650	55:1	1583.7	7.385	1583.7	7.913

水流量 /L·min⁻¹	气流量 /L·min⁻¹	气液比	喷嘴个数			
			5		6	
			发泡量 /L·min⁻¹	覆盖面积/m²	发泡量 /L·min⁻¹	覆盖面积/m²
15	825	55:1	791.8	6.681	791.8	7.023
18	990	55:1	950.2	6.962	950.2	7.315
20	1100	55:1	1055.8	7.913	1055.8	7.913
22	1210	55:1	1161.4	7.913	1161.4	7.913
25	1375	55:1	1319.7	7.913	1319.7	7.913
28	1540	55:1	1478.1	7.913	1478.1	7.913
30	1650	55:1	1583.7	7.913	1583.7	7.913

水流量 /L·min⁻¹	气流量 /L·min⁻¹	气液比	喷嘴个数	
			7	
			发泡量/L·min⁻¹	覆盖面积/m²
15	825	55:1	791.8	7.257
18	990	55:1	950.2	7.534
20	1100	55:1	1055.8	7.913
22	1210	55:1	1161.4	7.913
25	1375	55:1	1319.7	7.913
28	1540	55:1	1478.1	7.913
30	1650	55:1	1583.7	7.913

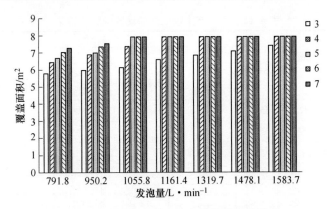

图 4. 13 原始产尘区域泡沫量匹配实验结果

C 粉尘扩散区域泡沫量匹配实验

由表 4. 13 和图 4. 14、图 4. 15 实验结果可知，当泡沫喷嘴个数为 3 个和 4 个时，泡沫量达到 1583. 7L/min 时均不能完全覆盖粉尘扩散区域模型；喷嘴个数为 5 个时，完全覆盖粉尘扩散区域模型所需的最小泡沫量为 1583. 7L/min；喷嘴个数为 6 和 7 时，完全覆盖粉尘扩散区域模型所需的最小发泡量均为 1478. 1L/min，因此，结合实验结果可知，完全覆盖粉尘扩散区域所需的最小泡沫量为 1478. 1L/min，此时对应的最少泡沫喷嘴个数为 6 个。

表 4. 13 粉尘扩散区域泡沫量匹配实验结果

水流量 /L · min⁻¹	气流量 /L · min⁻¹	气液比	喷嘴个数			
			3		4	
			发泡量 /L · min⁻¹	覆盖面积/m²	发泡量 /L · min⁻¹	覆盖面积/m²
15	825	55 : 1	791. 8	5. 321	791. 85	7. 215
18	990	55 : 1	950. 2	6. 627	950. 22	8. 269
20	1100	55 : 1	1055. 8	7. 565	1055. 8	9. 836
22	1210	55 : 1	1161. 4	8. 271	1161. 38	10. 382
25	1375	55 : 1	1319. 7	8. 862	1319. 75	10. 959
28	1540	55 : 1	1478. 1	9. 535	1478. 12	11. 652
30	1650	55 : 1	1583. 7	10. 263	1583. 7	12. 386

续表 4.13

水流量 /L·min⁻¹	气流量 /L·min⁻¹	气液比	喷嘴个数			
			5		6	
			发泡量 /L·min⁻¹	覆盖面积/m²	发泡量 /L·min⁻¹	覆盖面积/m²
15	825	55:1	791.8	9.568	791.85	10.326
18	990	55:1	950.2	10.352	950.22	11.517
20	1100	55:1	1055.8	11.682	1055.8	12.332
22	1210	55:1	1161.4	12.283	1161.38	12.986
25	1375	55:1	1319.7	12.935	1319.75	13.561
28	1540	55:1	1478.1	13.681	1478.12	14.719
30	1650	55:1	1583.7	14.719	1583.7	14.719

水流量 /L·min⁻¹	气流量 /L·min⁻¹	气液比	喷嘴个数	
			7	
			发泡量/L·min⁻¹	覆盖面积/m²
15	825	55:1	791.8	11.253
18	990	55:1	950.2	12.382
20	1100	55:1	1055.8	13.106
22	1210	55:1	1161.4	13.865
25	1375	55:1	1319.7	14.268
28	1540	55:1	1478.1	14.719
30	1650	55:1	1583.7	14.719

图 4.14 粉尘扩散区泡沫覆盖效果

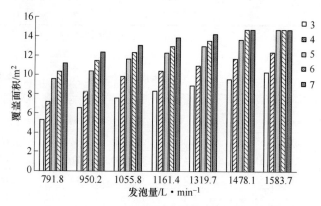

图 4.15　粉尘扩散区域泡沫量匹配实验结果

覆盖不同区域所需泡沫量及泡沫喷嘴布置方式见表 4.14。

表 4.14　覆盖不同区域所需泡沫量及泡沫喷嘴布置方式

覆盖范围	所需泡沫量 /L·min⁻¹	所需喷嘴个数	喷嘴间隔角度 /(°)	喷嘴偏移角度/(°)
滚筒区域	527.5	4	90	水平布置
原始产尘区	1055.8	5	72	向支架外侧偏移 7.13°
粉尘扩散区	1478.1	6	60	向支架外侧偏移 9.16°

4.3　本章小结

（1）通过数值模拟对综掘机截割区域粉尘浓度区间进行了划分，得出了两个粉尘浓度比较高且粉尘比较集中的区域作为泡沫除尘重点覆盖区域，并将其分为原始产尘区和粉尘扩散区，通过在 Fluent 中量取坐标得出原始产尘区大体形状可简化为一环绕综掘机截割头且两个底面圆直径分别为 1m 和 1.5m、高为 2m 的横向圆台；粉尘扩散区大体形状可简化为一环绕综掘机截割头和截割臂且两个底面圆直径分别为 1m 和 2m、高为 3.1m 的横向圆台。此外，通过数值模拟得知，由于采用单压入式通风方式导致截割头附近粉尘向回风侧发生偏移，喷嘴支架在布置时应向回风侧偏移 0.5m。

（2）通过实验得出了覆盖不同范围所需的泡沫量及泡沫喷嘴布

置方式,具体为:覆盖综掘机滚筒区域所需的最小泡沫量为 527.5L/min,所用喷嘴的最少个数为 4 个,两个相邻喷嘴之间的相差的角度为 90°,喷嘴呈水平方向布置;完全覆盖原始产尘区所需的最小泡沫量为 1055.8L/min,对应的最少泡沫喷嘴个数为 5 个,两个相邻喷嘴之间的相差的角度为 72°,喷嘴与水平方向夹角为 7.13°,向喷嘴支架外侧偏移呈"喇叭口"形状;完全覆盖粉尘扩散区域所需的最小泡沫量为 1478.1L/min,此时对应的最少泡沫喷嘴个数为 6 个,两个相邻喷嘴之间的相差的角度为 60°,喷嘴与水平方向夹角为 9.16°,向喷嘴支架外侧偏移呈"喇叭口"形状。

5 现 场 应 用

本章将在前几章中通过理论和实验研究取得的主要成果在煤矿井下综掘工作面生产现场进行工程应用，以对本书研究成果的正确性和可靠性进行验证。

本章的现场应用主要分为三大部分：一是对第4章研究结果进行验证。按照第4章得出的覆盖不同粉尘扩散区域最佳泡沫喷嘴布置方式和最小泡沫量对覆盖不同粉尘扩散区间时的降尘率进行测定分析，综合考虑其降尘效果和使用的泡沫量得出泡沫最佳覆盖区域。二是通过测定开启泡沫除尘系统前后粉尘颗粒粒度分布情况对本书提出的泡沫-粉尘颗粒粒度耦合规律进行验证。三是根据应用情况对泡沫除尘系统的应用成本进行估算，考察其经济性。

5.1 蒋庄煤矿 3下1101 煤巷综掘工作面概况

蒋庄煤矿 3下1101 煤巷综掘工作面断面形状为矩形，巷道宽、高分别为 4.5m、3.2m，断面积为 14.4m²，主要用于形成 3下1101 工作面生产系统，满足 3下1101 采煤工作面回采时通风、行人、运输、管线敷设的需要。3下1101 煤巷位于 3下煤中，3下煤在该区内发育稳定，全区可采，煤层厚度在 1.85~6.17m，平均 4.53m。结构较复杂，局部含夹石，煤层倾角在 0°~15°之间，平均 7°。3下煤层为黑色，为半亮型煤，煤质较好，内生裂隙发育，硬度系数为 3。3下煤煤尘爆炸指数为 33.51%，煤层有自然发火倾向，自燃类等级为二类，最短发火期 37 天。

3下1101 煤巷综掘工作面采用最大截煤岩硬度为 8.5 的 EBZ220 型掘进机。掘进机截割落煤由 QZP-60 型桥式转载机与 SD-80 型皮带机运输至煤仓。巷道采用锚网（梯索）支护或架棚支护。生产过程中，采用单压入式的局部通风方式，安装 FBDNO5.6-2×15KW 局部通风机，压风筒为抗静电阻燃风筒，直径 0.6m，确保通风安全。防尘水源来自地面水站，供水管路为：副井水管→井底车场→-320m

北大巷→204 煤柱皮带道→3$_\text{下}$1101 煤巷综掘工作面，采用 6 寸钢管和直径 10mm 高压胶管接至迎头。

5.2　泡沫除尘系统现场安装及测尘点布置情况

5.2.1　泡沫除尘系统现场安装

　　本书研发的泡沫除尘系统主要包括发泡器、泡沫除尘剂添加系统（主要包括储液罐和计量泵）、泡沫输送管道、泡沫喷嘴四大部分。如图 5.1 所示，现场应用时，发泡器和泡沫除尘剂添加系统均放置在综掘机机身上，发泡器所需的风和水分别通过风管和水管与综掘工作面风管和水管相连接，泡沫出口与泡沫输出管道连接，泡沫输出管道将发泡器产生的泡沫输送到截割头附近，进而通过泡沫分配器将泡沫平均分配到各个喷嘴，最终由泡沫喷嘴喷出达到降尘的目的。泡沫除尘剂添加系统与综掘机共用同一开关，即一旦综掘机开启，泡沫除尘剂添加装置也会随之开启，应用时均采用发泡器最佳气液比进行发泡，发泡倍数可达 53.57 倍。

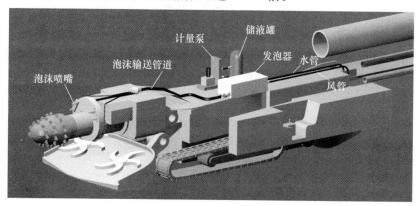

图 5.1　泡沫除尘系统现场布置示意图

5.2.2　现场粉尘测量方法及测尘点布置情况

5.2.2.1　粉尘测量方法

　　现场安装完毕后，为了考察泡沫除尘系统的除尘效果，本书选用 AKFC-92A 型矿用粉尘采样器对应用地点进行了粉尘浓度测量。该仪器主要由高性能吸气泵、自动时间控制电路、流量调节电路、自动反馈恒流电路、欠压保护报警电路、安全电源等组成，还配有多种粉尘预捕集器（滤膜）。其工作原理是通过高性能吸气泵在一定的时间内吸入带有粉尘的空气，然后采样器中的滤膜将空气中的粉尘过滤；将收集好的滤膜带到井上粉尘分析实验室，使用恒温箱去除滤膜中粉尘所含有的水分，得到这一段时间内仪器所吸入的粉尘量；利用所得的粉尘量与这段时间内吸入空气的总体积相比，就可以得出这段时间内空气中的粉尘浓度。AKFC-92A 型矿用粉尘采样器可同时对应用地点的总尘浓度和呼尘浓度进行测量。

5.2.2.2　测尘点布置情况

为了有效了解工作面的粉尘情况，就需要在综掘工作面现场布置一定数量的测尘点，以便测定掘进工人接尘现场的粉尘浓度。具体来看，综掘工作面现场的粉尘采样点的选定应以能代表综掘工作面现场粉尘对人体健康的危害为原则。综合考虑粉尘产生源在空间和时间上的扩散规律，以及工人接触粉尘情况的代表性，现场的粉尘采样点应根据作业流程和工人操作方法确定。根据采煤工艺，粉尘采样点布置原则包括以下三点：（1）由于受进风流中风流方向的影响，综掘面的粉尘采样点应在产尘点的下风侧或回风侧粉尘扩散较均匀的呼吸带进行粉尘浓度的测定；（2）由于现场工人操作的作业地点相对较固定，采样点应在工人经常操作和停留的地点进行采集，采集操作工人呼吸带高度水平的粉尘，距离地面的高度由工人生产时的具体位置决定；（3）为了保证所测定的工作面现场的粉尘浓度数据科学可靠，应在工人作业范围内选择若干点（尽量均匀分布）进行测定，最后求得其算术或几何平均值，从而得到作业场所的粉尘平均浓度。

根据上述原则、3下1101 综掘工作面现场的特点及 GB 5748—85《作业场所空气中粉尘测定方法》、MT 79—84（《粉尘浓度和分散度测定方法》）等相关文献[154~159]参考资料，从国家及行业标准、采

样、测量简便性、操作快速性以及准确性方面考虑，确定 $3_\text{下}$ 1101
综掘工作面的粉尘浓度测点布置如图 5.2 所示。

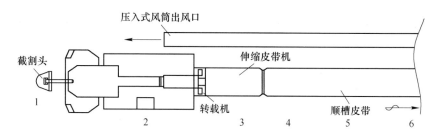

图 5.2　$3_\text{下}$ 1101 煤巷综掘工作面粉尘浓度测点布置示意图

1—迎头处；2—司机处；3—转载机下风侧；4—伸缩皮带机下风侧；

5—距掘进头 100m 处；6—距掘进头 200m 处

5.3　现场应用效果分析

5.3.1　不同降尘措施降尘效果分析及泡沫最佳覆盖范围的确定

通过测量采取不同降尘措施情况下的降尘效率，对泡沫除尘技术与喷雾降尘技术的降尘效果进行分析，并采用第 4 章研究成果覆盖不同粉尘浓度区间，并测量其降尘率，通过对比分析提出泡沫最佳覆盖范围。$3_\text{下}$ 1101 综掘工作面粉尘浓度的测定按照如下步骤依次进行：

（1）关闭综掘工作面所有的抑尘设备，测定现场各测尘点的原始粉尘浓度，并以此结果作为计算泡沫除尘系统降尘率的基础；

（2）开启掘进机原有外喷雾降尘装置，测定现场各测尘点的粉尘浓度，并计算降尘率；

（3）关闭掘进机原有外喷雾降尘装置，开启泡沫除尘系统，泡沫除尘系统按照完全覆盖综掘机滚筒的布置方式（泡沫喷嘴为 4 个，发泡量为 527.5L/min）进行布置且喷嘴支架不做偏移，测定现场各测点的粉尘浓度，并计算降尘率；

（4）关闭掘进机原有外喷雾降尘装置，开启泡沫除尘系统，泡沫除尘系统按照完全覆盖综掘机滚筒的布置方式（泡沫喷嘴为 4 个，发泡量为 527.5L/min）进行布置且喷嘴支架向下风侧偏移0.5m，测定现场各测点的粉尘浓度，并计算降尘率；

（5）关闭掘进机原有外喷雾降尘装置，开启泡沫除尘系统，泡沫除尘系统按照完全覆盖原始产尘区域的布置方式（泡沫喷嘴为5个，发泡量为 1055.8L/min）进行布置且喷嘴支架不做偏移，测定现场各测点的粉尘浓度，并计算降尘率；

（6）关闭掘进机原有外喷雾降尘装置，开启泡沫除尘系统且泡沫除尘系统按照完全覆盖原始产尘区域的布置方式（泡沫喷嘴为5个，发泡量为 1055.8L/min）进行布置且喷嘴支架向下风侧偏移0.5m，测定现场各测点的粉尘浓度，并计算降尘率；

（7）关闭掘进机原有外喷雾降尘装置，开启泡沫除尘系统且泡沫除尘系统按照完全覆盖粉尘扩散区域的布置方式（泡沫喷嘴为6个，发泡量为 1478.1L/min）进行布置且喷嘴支架不做偏移，测定现场各测点的粉尘浓度，并计算降尘率；

（8）关闭掘进机原有外喷雾降尘装置，开启泡沫除尘系统且泡沫除尘系统按照完全覆盖粉尘扩散区域的布置方式（泡沫喷嘴为6个，发泡量为 1478.1L/min）进行布置且喷嘴支架向下风侧偏移0.5m，测定现场各测点的粉尘浓度，并计算降尘率；在表 5.1～表5.3 中，以上八种采用的措施，依次分别用措施 Ⅰ、措施 Ⅱ、措施Ⅲ、措施Ⅳ、措施Ⅴ、措施Ⅵ、措施Ⅶ、措施Ⅷ表示。蒋庄煤矿 $3_{下}$ 1101 煤巷综掘工作面采用不同抑尘措施时各测点的粉尘数据及粉尘浓度曲线分别见表5.1及图5.3、图5.4。

表 5.1　$3_{下}$ 1101 煤巷综掘工作面采用不同抑尘措施时各测点的粉尘数据

采用抑尘措施	粉尘性质	粉尘数据	测尘点编号					
			1	2	3	4	5	6
措施 Ⅰ	煤	总尘浓度 /mg·m⁻³	837.5	796.1	725.2	649.8	527.6	455.3
	煤	呼尘浓度 /mg·m⁻³	453.9	393.4	352.4	328.2	212.1	176.2

续表 5.1

采用抑尘措施	粉尘性质	粉尘数据	测尘点编号					
			1	2	3	4	5	6
措施Ⅱ	煤	总尘浓度/mg·m⁻³	611.8	578.7	516.3	481.6	352.3	291
	煤	呼尘浓度/mg·m⁻³	372.4	332.5	304.9	289.0	185.5	132.8
	煤	总尘降尘率	26.95%	27.31%	28.81%	25.88%	33.23%	36.09%
	煤	呼尘降尘率	17.96%	15.48%	13.48%	11.94%	12.54%	24.63%
措施Ⅲ	煤	总尘浓度/mg·m⁻³	362.1	244.6	188.0	157.8	132.5	115.3
	煤	呼尘浓度/mg·m⁻³	149.8	115.5	91.6	77.8	67.7	52.8
	煤	总尘降尘率	56.76%	69.28%	74.08%	75.72%	74.89%	74.68%
	煤	呼尘降尘率	67.00%	70.64%	74.01%	76.29%	68.08%	70.03%
措施Ⅳ	煤	总尘浓度/mg·m⁻³	341.6	226.7	174.0	147.6	123.6	102.5
	煤	呼尘浓度/mg·m⁻³	132.3	105.6	84.1	71.5	62.4	47.3
	煤	总尘降尘率	59.21%	71.52%	76.01%	77.29%	76.57%	77.49%
	煤	呼尘降尘率	70.85%	73.16%	76.14%	78.21%	70.58%	73.16%
措施Ⅴ	煤	总尘浓度/mg·m⁻³	72.5	68.6	57.8	40.9	28.2	19.8
	煤	呼尘浓度/mg·m⁻³	46.2	33.2	28.9	19.5	12.3	10.3
	煤	总尘降尘率	91.34%	91.38%	92.03%	93.71%	94.66%	95.65%
	煤	呼尘降尘率	89.82%	91.56%	91.80%	94.06%	94.20%	94.15%
措施Ⅵ	煤	总尘浓度/mg·m⁻³	63.2	55.1	52.7	35.3	17.5	12.7
	煤	呼尘浓度/mg·m⁻³	38.3	32.8	27.2	14.5	8.9	7.2
	煤	总尘降尘率	92.45%	93.08%	92.73%	94.57%	96.68%	97.21%
	煤	呼尘降尘率	91.56%	91.66%	92.28%	95.58%	95.80%	95.91%

采用抑尘措施	粉尘性质	粉尘数据	测尘点编号					
			1	2	3	4	5	6
措施Ⅶ	煤	总尘浓度 /mg·m⁻³	58.9	51.5	47.8	30.5	15.2	10.3
	煤	呼尘浓度 /mg·m⁻³	35.6	29.8	22.2	11.2	7.5	5.9
	煤	总尘降尘率	92.97%	93.53%	93.41%	95.31%	97.12%	97.74%
	煤	呼尘降尘率	92.16%	92.43%	93.70%	96.59%	96.46%	96.65%
措施Ⅷ	煤	总尘浓度 /mg·m⁻³	56.5	46.7	41.3	25.7	11.6	8.1
	煤	呼尘浓度 /mg·m⁻³	31.3	19.5	15.1	8.9	5.7	4.6
	煤	总尘降尘率	93.25%	94.13%	94.31%	96.04%	97.80%	98.22%
	煤	呼尘降尘率	93.10%	95.04%	95.72%	97.29%	97.31%	97.39%

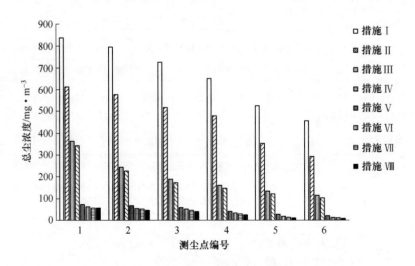

图 5.3　3下1101 煤巷综掘工作面采用不同抑尘措施时
各测点的总尘浓度测量结果

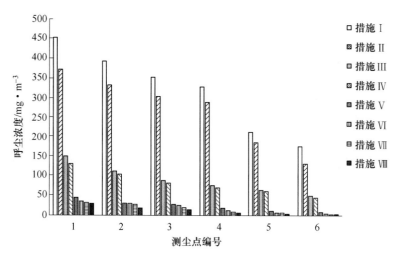

图 5.4 3下1101 煤巷综掘工作面采用不同抑尘措施
时各测点的呼尘浓度测量结果

由表 5.1 及图 5.3~5.4 可知:

(1) 蒋庄煤矿 3下1101 煤巷综掘工作面在未采用任何抑尘措施时,工作面迎头处粉尘浓度最高,总尘和呼尘浓度分别高达837.5mg/m³ 和 453.9mg/m³;司机处的粉尘浓度次之,总尘和呼尘浓度分别为 796.1mg/m³ 和 393.4mg/m³;粉尘浓度最小为距迎头200m 处,但总尘和呼尘浓度也高达 455.3mg/m³ 和 176.2mg/m³,6个测点呼吸性粉尘的比例均在 38.7% 以上,呼吸性粉尘比例最高达到了 54.2%。从测量结果可以看出,蒋庄煤矿 3下1101 煤巷综掘工作面粉尘浓度远远超出了《煤矿安全规程》的规定,高浓度粉尘问题亟待解决。

(2) 开启掘进机原有外喷雾降尘装置后,各工作面的粉尘浓度均有了一定程度降低,综掘机迎头处总尘和呼尘的降尘率分别为26.95% 和 17.96%,其余 5 个有人作业测点处总尘和呼尘的平均降尘率分别为 27.31% 和 15.48%、28.81% 和 13.48%、25.88% 和11.94%、33.23% 和 12.54%、36.09% 和 24.63%,6 个测点的总尘和呼尘平均降尘率分别为 29.71% 和 16.01%,由此可知,原有的综掘机外喷雾系统降尘效果较差，使用外喷雾降尘时司机处的总尘浓度和呼尘浓度仍高达 578.7mg/m³ 和 332.5mg/m³，要想有效降低综掘工作面粉尘浓度，仅仅采用外喷雾降尘远远不够。

（3）关闭掘进机原有外喷雾降尘装置，开启泡沫除尘系统且泡沫除尘系统按照完全覆盖综掘机滚筒的布置方式（泡沫喷嘴为 4 个，发泡量为 527.5L/min）进行布置，但泡沫喷嘴支架未按照数值模拟结果得出的结论向下风侧进行偏移时，综掘机迎头处总尘和呼尘的降尘率分别为 56.76% 和 67.00%，其余 5 个有人作业测点处总尘和呼尘的平均降尘率分别为 69.28% 和 70.64%、74.08% 和 74.01%、75.72% 和 76.29%、74.89% 和 68.08%、74.68% 和 70.03%，6 个测点的总尘和呼尘平均降尘率分别为 70.09% 和 71.01%，相对于原有掘进机外喷雾降尘装置，总尘和呼尘的平均降尘率分别提高了 40.38% 和 55%，这说明，泡沫除尘系统比综掘机外喷雾系统更易于沉降工作面粉尘，尤其对呼尘的沉降效率的提高更为明显。

（4）关闭掘进机原有外喷雾降尘装置，开启泡沫除尘系统，泡沫除尘系统按照完全覆盖综掘机滚筒的布置方式（泡沫喷嘴为 4 个，发泡量为 527.5L/min）进行布置，同时泡沫喷嘴支架按照数值模拟结果向下风侧偏移 0.5m，综掘机迎头处的总尘和呼尘降尘率分别为 59.21% 和 70.85%，其余 5 个有人作业测点处总尘和呼尘的平均降尘率分别为 71.52% 和 73.16%、76.01% 和 76.14%、77.29% 和 78.21%、76.57% 和 70.58%、77.49% 和 73.16%，6 个测点的总尘和呼尘平均降尘率分别为 73.02% 和 73.68%，相对于泡沫喷嘴支架未按照数值模拟结果进行偏移，总尘和呼尘的平均降尘率分别提高了 2.93 个百分点和 2.67 个百分点，这说明，在风流影响下，综掘机截割头处粉尘团向下风侧发生了运移，将喷嘴支架沿下风侧方向偏移 0.5m 后可提高泡沫降尘率。

（5）关闭掘进机原有外喷雾降尘装置，开启泡沫除尘系统，泡沫除尘系统按照完全覆盖原始产尘区域的布置方式（泡沫喷嘴为 5 个，发泡量为 1055.8L/min）进行布置但喷嘴支架不做偏移，综掘机迎头处的降尘率总尘和呼尘的降尘率分别为 91.34% 和 89.82%，其余 5 个有人作业测点处总尘和呼尘的平均降尘率分别为 91.38% 和

91.56%、92.03% 和 91.80%、93.71% 和 94.06%、94.66% 和 94.20%、95.65%和94.15%，6 个测点的总尘和呼尘平均降尘率分别为 93.13%和 92.60%，相对于完全覆盖综掘机滚筒区域，完全覆盖原始产尘区时总尘和呼尘的平均降尘率分别提高了 20.11% 和 18.92%，这说明，增加泡沫覆盖范围后可有效提高泡沫降尘率，将原始产尘区域覆盖后比仅仅覆盖综掘机滚筒降尘效果显著提高。

（6）关闭掘进机原有外喷雾降尘装置，开启泡沫除尘系统，泡沫除尘系统按照完全覆盖原始产尘区域的布置方式（泡沫喷嘴为 5 个，发泡量为 1055.8L/min）进行布置且喷嘴支架向下风侧偏移 0.5m，综掘机迎头处的降尘率总尘和呼尘的降尘率分别为 92.45%和 91.56%，其余 5 个有人作业测点处总尘和呼尘的平均降尘率分别为 93.08% 和 91.66%、92.73% 和 92.28%、94.57% 和 95.58%、96.68%和95.80%、97.21%和95.91%，6 个测点的总尘和呼尘平均降尘率分别为 94.45%和 93.80%，相对于喷嘴支架未做偏移时，总尘和呼尘的平均降尘率分别提高了 1.32 个百分点和 1.2 个百分点，这说明，综掘机截割头处粉尘团向下风侧发生了运移，将喷嘴支架沿下风侧方向偏移 0.5m 后可提高泡沫降尘率。

（7）关闭掘进机原有外喷雾降尘装置，开启泡沫除尘系统，泡沫除尘系统按照完全覆盖粉尘扩散区域的布置方式（泡沫喷嘴为 6 个，发泡量为 1478.1L/min）进行布置且喷嘴支架不做偏移，综掘机迎头处的降尘率总尘和呼尘的降尘率分别为 92.97%和 92.16%，其余 5 个有人作业测点处总尘和呼尘的平均降尘率分别为 93.53%和 92.43%、93.41% 和 93.70%、95.31% 和 96.59%、97.12% 和 96.46%、97.74%和96.65%，6 个测点的总尘和呼尘平均降尘率分别为 95.01%和 94.67%，相对于完全覆盖原始产尘区域，总尘和呼尘的平均降尘率分别提高了 1.7 个百分点和 2.07 个百分点，这说明，覆盖粉尘扩散区比仅仅覆盖原始产尘区降尘效果有一定程度提高，但提高程度有限。

（8）关闭掘进机原有外喷雾降尘装置，开启泡沫除尘系统，泡沫除尘系统按照完全覆盖粉尘扩散区域的布置方式（泡沫喷嘴为 6 个，发泡量为 1478.1L/min）进行布置且喷嘴支架向下风侧偏移

0.5m，综掘机迎头处的降尘率总尘和呼尘的降尘率分别为93.25%和93.10%，其余5个有人作业测点处总尘和呼尘的平均降尘率分别为94.13%和95.04%、94.31%和95.72%、96.04%和97.29%、97.80%和97.31%、98.22%和97.39%，6个测点的总尘和呼尘平均降尘率分别为95.63%和95.98%，相对于泡沫喷嘴支架未做偏移时，总尘和呼尘的平均降尘率分别提高了0.62个百分点和1.31个百分点，这说明，综掘机截割头处粉尘团向下风侧发生了运移，将喷嘴支架沿下风侧方向偏移0.5m后可提高泡沫降尘率。

　　（9）将措施Ⅳ、措施Ⅵ、措施Ⅶ的测尘结果进行比较可知，泡沫完全覆盖综掘机滚筒时，所需泡沫量为527.5L/min，总尘和呼尘平均降尘率分别为73.02%和73.68%；；泡沫完全覆盖原始产尘区时，所需泡沫量为1055.8L/min，总尘和呼尘的平均降尘率分别为94.45%和93.80%；泡沫完全覆盖粉尘扩散区时，所需泡沫量为1478.1L/min，总尘和呼尘的平均降尘率分别为95.63%和95.98%。通过对比可知，覆盖原始产尘区时，所需泡沫量比覆盖综掘机滚筒增加了528.3L/min，而总尘和呼尘平均降尘率比覆盖综掘机滚筒时增加了21.43个百分点和20.12个百分点，分别达到了94.45%和93.80%，总尘和呼尘平均浓度分别为39.42mg/m³和21.48mg/m³；覆盖粉尘扩散区时，所需泡沫量比覆盖原始产尘区时增加了422.3L/min，而总尘和呼尘平均降尘率比覆盖原始产尘区时仅仅增加了1.18个百分点和2.18个百分点，因此，综合考虑降尘成本（即所需泡沫量）和降尘效果两方面因素，最终决定蒋庄煤矿3下1101煤巷综掘工作面泡沫最佳覆盖区域为原始产尘区域，此时，泡沫除尘系统喷嘴个数为5个且泡沫喷嘴支架向下风侧偏移0.5m进行布置，所需泡沫量为1055.8L/min，泡沫除尘系统总尘和呼尘的平均降尘率分别达到94.45%和93.80%。

　　综上所述，泡沫除尘技术比喷雾降尘技术效果更好，且泡沫最佳覆盖区域应该为原始产尘区域，此时使用泡沫量为1055.8L/min，总尘和呼尘的平均降尘率分别为94.45%和93.80%，能实现泡沫利用最大化，用相对较少的泡沫量达到最佳的降尘效果。当泡沫仅覆盖滚筒区域时，由于覆盖区域太小导致降尘效果不佳；而泡沫覆盖粉尘扩散区时，泡沫量增加明显，但降尘率却增加较少，两种覆盖范围均不可取。

5.3.2 泡沫-粉尘颗粒粒径耦合作用规律现场验证

通过现场应用对本书得出的泡沫-粉尘颗粒粒径耦合规律进行验证，泡沫除尘系统的工作参数按照 5.3.1 小节中的最优方式进行布置，具体步骤如下：

（1）在泡沫除尘系统开启之前，按照图 5.2 中测点布置在迎头处用粉尘采样器采样，并将采集粉尘后的滤膜装入实验袋内以备实验使用；

（2）开启泡沫除尘系统后，再次按照图 5.2 中测点布置在迎头处用粉尘采样器采样，并将采集粉尘后的滤膜装入实验袋内以备实验使用；

（3）采用马尔文 Mastersizer3000 激光粒度分析仪（图 5.5）对泡沫除尘系统开启前后采集到的粉尘进行颗粒粒度分析；

图 5.5　马尔文 Mastersizer3000 激光粒度分析仪

（4）根据 3.5 节得出的泡沫除尘系统在不同工作参数条件下对应的泡沫粒径分布结果得出泡沫除尘系统产生泡沫的粒径分布；

（5）通过泡沫颗粒粒径分布及泡沫除尘系统开启前后粉尘颗粒粒径分布变化情况，泡沫粒径与其捕获粉尘粒径之间的关系，对本书研究的泡沫-粉尘颗粒粒径耦合规律进行验证。具体情况见表 5.2～表 5.4，图 5.6～图 5.8。

表 5.2　泡沫除尘系统开启之前粉尘粒度分布情况

粒径 /μm	频率分布 /%	累计分布 /%	粒径 /μm	频率分布 /%	累计分布 /%	粒径 /μm	频率分布 /%	累计分布 /%
0.12	0.00	0.00	1.24	0.00	0.00	12.73	6.75	45.38
0.15	0.00	0.00	1.51	0.00	0.00	15.45	6.07	51.45
0.18	0.00	0.00	1.83	0.00	0.00	18.75	5.38	56.83
0.22	0.00	0.00	2.22	1.08	1.08	22.76	5.65	62.48
0.26	0.00	0.00	2.70	1.23	2.31	27.63	5.78	68.26
0.32	0.00	0.00	3.28	2.4	4.71	33.54	6.13	74.39
0.39	0.00	0.00	3.98	2.7	7.41	40.72	7.27	81.66
0.47	0.00	0.00	4.83	3.36	10.77	49.43	5.73	87.39
0.57	0.00	0.00	5.86	3.99	14.76	60.00	5.18	92.57
0.69	0.00	0.00	7.11	6.67	21.43	72.84	3.39	95.96
0.84	0.00	0.00	8.64	9.06	30.49	88.42	2.79	98.75
1.02	0.00	0.00	10.48	8.14	38.63	107.33	1.25	100.00

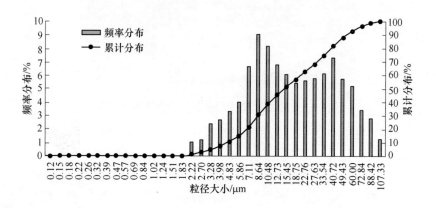

图 5.6　泡沫除尘系统开启之前粉尘粒度分布情况

表5.3 泡沫粒度分布情况

粒径 /μm	频率分布 /%	累计分布 /%	粒径 /μm	频率分布 /%	累计分布 /%	粒径 /μm	频率分布 /%	累计分布 /%
1.26	0.00	0.00	203.38	2.08	5.56	521.37	7.31	58.52
15.74	0.00	0.00	225.67	2.76	8.32	563.52	8.51	67.03
28.33	0.00	0.00	258.26	3.25	11.57	616.89	8.22	75.25
42.69	0.00	0.00	282.69	4.19	15.76	672.35	7.36	82.61
66.25	0.00	0.00	316.75	4.61	20.37	725.63	6.65	89.26
75.38	0.23	0.23	337.31	5.12	25.49	789.72	5.97	95.23
98.76	0.52	0.75	368.57	5.33	30.82	836.11	3.58	98.81
132.27	0.76	1.51	402.63	6.52	37.34	906.83	1.19	100.00
159.83	0.91	2.42	435.82	6.75	44.09	1012.62	0.00	100.00
176.51	1.06	3.48	476.39	7.12	51.21	1280.39	0.00	100.00

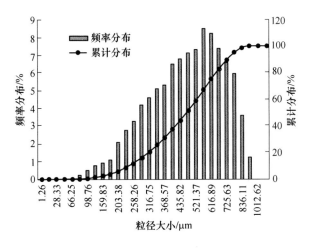

图5.7 泡沫粒度分布情况

表 5.4 泡沫除尘系统开启之后粉尘粒度分布情况

粒径 /μm	频率分布 /%	累计分布 /%	粒径 /μm	频率分布 /%	累计分布 /%	粒径 /μm	频率分布 /%	累计分布 /%
0.12	0.00	0.00	1.24	0.00	0.00	12.73	2.61	49.20
0.15	0.00	0.00	1.51	0.00	0.00	15.45	3.02	52.22
0.18	0.00	0.00	1.83	0.00	0.00	18.75	2.88	55.1
0.22	0.00	0.00	2.22	4.51	4.51	22.76	2.34	57.44
0.26	0.00	0.00	2.70	5.14	9.65	27.63	1.56	59.00
0.32	0.00	0.00	3.28	10.02	19.67	33.54	2.67	61.67
0.39	0.00	0.00	3.98	11.27	30.94	40.72	3.28	64.95
0.47	0.00	0.00	4.83	1.25	32.19	49.43	2.05	67.00
0.57	0.00	0.00	5.86	2.31	34.50	60.00	1.97	68.97
0.69	0.00	0.00	7.11	3.82	38.32	72.84	14.16	83.13
0.84	0.00	0.00	8.64	4.25	42.57	88.42	11.65	94.78
1.02	0.00	0.00	10.48	4.02	46.59	107.33	5.22	100.00

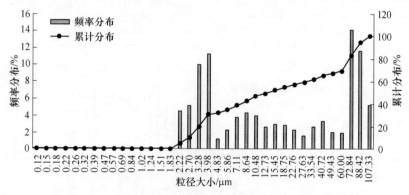

图 5.8 泡沫除尘系统开启之后粉尘粒度分布情况

通过测定结果可知：

（1）未开启泡沫除尘系统时，蒋庄煤矿 3下 1101 煤巷综掘工作面迎头处粉尘粒径范围为 2.22~107.33μm 且粒径范围为 2.22~3.98μm 的粉尘累计频率分布达 7.41%，粒径范围为 4.83~60.00μm 的粉尘累计频率分布达 85.16%，粒径范围为 72.84~107.33μm 的粉尘累计频率分布达 7.43%。

（2）开启泡沫除尘系统后，蒋庄煤矿 $3_{\text{下}}$ 1101 煤巷综掘工作面迎头处粉尘粒径范围为 2.22 ~ 3.98μm 的粉尘累计频率分布达到 30.94%，粒径范围为 4.83 ~ 60.00μm 的粉尘累计频率分布达 36.06%，粒径范围为 72.84 ~ 107.33μm 的粉尘累计频率分布达 33.00%。由此可知，开启泡沫除尘系统后，不同粒径粉尘分布情况发生了较大的变化，粒径范围为 2.22 ~ 3.98μm 和 72.84 ~ 107.33μm 的粉尘累积分布显著增加，而粒径范围为 4.83 ~ 60.00μm 的粉尘累计频率分布大大降低，这说明，除尘用泡沫主要对粒径范围为 4.83 ~ 60.00μm 的粉尘进行了捕捉，而所用泡沫的粒径分布范围为 75.38 ~ 906.83μm。通过对比分析可知，泡沫粒径与其捕获粉尘粒径之间的关系大体符合本书得出的泡沫-粉尘颗粒耦合规律，即 $D_{\text{泡沫}} \approx 15 D_{\text{粉尘}}$。

5.4 泡沫除尘系统应用成本估算

蒋庄煤矿 $3_{\text{下}}$ 1101 煤巷综掘工作面实行"三八"工作制，两班生产，一班检修，每班作业时间 8 小时，其中综掘机截割时间为 5 小时左右。该工作面降尘所需泡沫量为 1055.8L/min，此时对应的水流量为 20L/min，泡沫除尘剂的添加浓度为 0.87%，因此，定量泵添加泡沫除尘剂原液时的工作流量为 0.174L/min 左右，每个工作日需要喷射泡沫降尘的总时间为 10×60 = 600min，则每个工作日需要消耗的泡沫除尘剂原液为 600×0.174 = 104.4L，每升原液的价格为 15 元，则每天添加的泡沫除尘用试剂需花费 104.4×15 = 1566 元，每月需花费 46980 元。据调查，蒋庄煤矿全矿井每月产煤 250000t，若每吨原煤按照 600 元计算，则每月原煤的产值为 15000 万元。经计算知，每月用于购买一套泡沫除尘系统所需泡沫除尘剂原液的费用仅为全矿原煤总产值的 0.03132%，这一费用在矿方可承受范围内。

5.5 本章小结

（1）由现场测定粉尘浓度的结果可知，泡沫覆盖滚筒时，泡沫除尘系统比综掘机外喷雾系统平均总尘和呼尘降尘效率分别高 43.31% 和 57.67%；泡沫覆盖原始产尘区时，泡沫除尘系统比综掘机外喷雾系统平均总尘和呼尘降尘效率分别高 64.74% 和 77.79%；泡沫覆盖粉尘扩散区时，泡沫除尘系统比综掘机外喷雾系统平均总尘和呼尘降尘效率分别高 65.92% 和 79.97%，综上所述，泡沫除尘系统比综掘机外喷雾系统降尘效率更高，除尘效果更好。

（2）泡沫最佳覆盖区域应该为原始产尘区域，此时使用泡沫量为 1055.8L/min，总尘和呼尘的平均降尘率分别为 94.45% 和 93.80%，能实现泡沫利用最大化，用相对较少的泡沫量达到最佳的降尘效果。当泡沫覆盖滚筒区域时由于覆盖区域太小导致降尘效果不佳；而泡沫覆盖粉尘扩散区时，泡沫量增加明显但降尘率却增加较少，两种覆盖范围均不可取。经计算得知，每月花销用于维持泡沫除尘系统所需泡沫除尘剂原液的费用仅为全矿原煤总产值的 0.03132%，应用成本较低。

6 主要结论及展望

本书依理论分析、数值模拟、实验测试、现场应用等多种方法相结合的原则，主要从发泡剂发泡能力影响因素分析、泡沫除尘剂配方研发、发泡器结构设计及优化、泡沫-粉尘颗粒粒径耦合规律、综掘机截割区域粉尘浓度区间划分及泡沫量匹配实验研究以及上述研究成果的工程应用等方面，对矿井泡沫除尘技术及应用进行了较为全面和系统的研究。

6.1 主要结论

（1）采用表面张力法对初选的羧酸盐型、氧化胺型、硫酸盐型、甜菜碱型4种不同类型共20种发泡剂的临界胶束浓度进行了测定，在此基础上，采用改进 ROSS-Miles 法对20种发泡剂的发泡能力进行了测定，实验结果表明，不同类型发泡剂发泡能力大小顺序为氧化胺型 > 甜菜碱型 > 硫酸盐型 > 羧酸盐型，且发泡剂表面张力大小与其发泡能力之间无明显对应关系，即仅仅通过测定发泡剂的表面张力难以推断其发泡能力大小。

（2）利用 BRUKER AVANCE III500 液体核磁共振仪对发泡剂分子碳链所含碳类型及各类型碳含量进行了测定分析，结合发泡剂发泡能力测定实验结果得出如下结论：

1）选择发泡能力高的发泡剂单体时应选择分子中脂甲基碳、芳甲基碳、亚甲基碳、季碳，以及与 N、O、S 及卤族元素相连的甲基碳5种对发泡能力有促进作用的碳含量较多的发泡剂，在通过改变发泡剂分子结构以提高其发泡能力时应增加其碳链中上述5种碳的含量，增加上述5种类型碳含量对发泡能力改进影响程度大小顺序为亚甲基碳 > 季碳 > 脂甲基碳 > 与 N、O、S 及卤族元素相连的甲基碳 > 芳甲基碳。

2）选择发泡能力高的发泡剂单体时应选择分子中所含有的与N、O、S及卤族元素相连的次甲基碳，环内氧接脂碳，芳香碳，羧基碳，羰基碳5种对发泡能力有抑制作用的碳含量低的发泡剂，在通过改变发泡剂分子结构以提高其发泡能力时应降低其碳链中上述5种类型碳含量且降低上述5种类型碳含量对发泡剂改进影响程度大小顺序为与N、O、S及卤族元素相连的次甲基碳>环内氧接脂碳>羰基碳>羧基碳>芳香碳。

（3）通过发泡剂溶液剪切黏度测定实验可知，目前使用的发泡剂溶液浓度为1%时，剪切黏度范围一般在0.2~0.96Pa·s之间，且此区间内发泡能力随剪切黏度增加呈现出先增加后减小的趋势，当发泡剂溶液黏度在0.59~0.71Pa·s时发泡效果最佳。

（4）针对本书提出的发泡剂发泡能力考核标准对发泡剂单体进行了优选，采用正交实验方法通过发泡剂单体复配实验得出了6种发泡剂单体最佳组合，发泡体积分别达到了920mL、910mL、930mL、960mL、920mL、930mL。在此基础上，进行了稳泡剂配方研发实验，得出了6种发泡能力和稳泡能力均较佳的泡沫除尘剂配方，6种配方在改进 ROSS-Miles 法发泡能力测定实验中 0min 泡沫体积和5min泡沫体积分别达到了877mL和845mL、856mL和824mL、867mL和835mL、874mL和852mL、878mL和825mL、884mL和840mL。在全国9个矿区选取了10种不同变质程度的煤样，通过泡沫除尘剂与不同煤种煤尘润湿性实验优选了一种对10种煤尘润湿性均较好的配方作为泡沫除尘剂最终配方：FD1发泡剂单体（质量浓度0.1%）+FD2发泡剂单体（质量浓度0.1%）+ FD3 发泡剂单体（质量浓度0.6%）+W1稳泡剂单体（质量浓度0.07%）。本书研发的泡沫除尘剂配方急性经口毒性试验和急性经皮毒性实验结果显示：大鼠急性经口半数致死量 $LD_{50} > 10000mg/kg$，大鼠经皮半数致死量$LD_{50} > 5000mg/kg$，参考国家化学品毒性鉴定技术规范，两者均属实际无毒级别，表明该配方完全可以在矿井现场进行应用。

（5）设计了一种用于煤矿的网式发泡器，并且以发泡量和发泡倍数为指标，对影响发泡器发泡效果的基本参数（主要包括泡沫除尘剂溶液出口距发泡网距离、发泡网直径、发泡网层数、发泡网厚度、发泡网间距)进行了优化,优化后发泡器的发泡倍数达到了53.57倍,发泡效果良好。为了保证泡沫除尘剂溶液的连续添加,研发了一种利用电动计量泵添加泡沫除尘剂溶液的添加装置,根据矿井综掘工作面实际情况,对泡沫除尘剂添加装置的工作参数进行了计算:泵添加出口压力为 0.5~5MPa,添加流量范围为 0~30L/h,泡沫除尘剂溶液箱的容积为200L。

(6)通过实验测定了泡沫除尘系统包括发泡量、发泡倍数和产生泡沫粒径3个参数在内的发泡效果参数随水流量、气体流量,以及气液比不变时水流量和气流量变化规律,通过实验得出:气体流量不变时,随着水流量增加,发泡量先增加后趋于平稳,发泡器产生的泡沫粒径逐渐增加,发泡倍数以最佳气液比为分界线呈现出先增加后减小的趋势,当两者处于最佳气液比时发泡倍数最高。水流量不变时,随着气体流量逐渐增加,泡沫除尘系统产生的泡沫粒径逐渐减小,发泡倍数和发泡量以最佳气液比为分界线呈现出先增加后减小的趋势,当两者处于最佳气液比时发泡量和发泡倍数最高。气液比不变时,随着水流量和气体流量逐渐增加,泡沫除尘系统发泡倍数和产生的泡沫粒径基本保持不变,发泡量逐渐增加。通过泡沫-粉尘耦合沉降实验得出了泡沫-粉尘颗粒粒径耦合规律近似为 $D_{泡沫} \approx 15D_{粉尘}$,为泡沫除尘技术现场应用提供了依据。

(7)以蒋庄煤矿 $3_{下}$ 1101 煤巷综掘工作面为例,对综掘机截割区域粉尘浓度分布情况进行了数值模拟,通过数值模拟结果得出了综掘机截割区域粉尘浓度最高且最集中分布的两个粉尘浓度区间,并分别定义为原始产尘区和粉尘扩散区,通过在 Fluent 中量取坐标进行计算的方式得出原始产尘区大体形状可简化为一环绕综掘机截割头且两个底面圆直径分别为1m 和 1.5m,高为2m 的横向圆台;粉尘扩散区大体形状可简化为一环绕综掘机截割头和截割臂且两个底面圆直径分别为1m 和2m,高为3.1m 的横向圆台;此外,由于采用单压入式通风方式导致截割头附近粉尘向回风侧发生偏移,喷嘴支架在布置时应向回风侧偏移 0.5m。

(8)建立了综掘机截割区域不同粉尘浓度区间实体模型,并对覆盖实体模型所需泡沫量和喷嘴布置方式进行了实验,结果表明:

完全覆盖综掘机滚筒区域所需的最小泡沫量为527.5L/min，所用喷嘴的最少个数为4个，喷嘴沿环形喷嘴支架呈"十字形"排列，两个相邻喷嘴之间的相差的角度为90°，喷嘴呈水平方向布置；完全覆盖原始产尘区所需的最小泡沫量为1055.8L/min，对应的最少泡沫喷嘴个数为5个，喷嘴沿环形喷嘴支架呈"五角星形"排列，两个相邻喷嘴之间的相差的角度为72°，喷嘴与水平方向夹角为7.13°，向喷嘴支架外侧偏移呈"喇叭口"形状；完全覆盖粉尘扩散区域所需的最小泡沫量为1478.1L/min，此时对应的最少泡沫喷嘴个数为6个；喷嘴沿环形喷嘴支架呈"六角星形"排列布置，两个相邻喷嘴之间的相差的角度为60°，喷嘴与水平方向夹角为9.16°，向喷嘴支架外侧偏移呈"喇叭口"形状。

（9）进行了泡沫除尘系统现场应用，应用结果表明：泡沫除尘系统比综掘机外喷雾系统降尘效率更高、除尘效果更好。此外，泡沫除尘系统在现场应用时应尽量保证泡沫覆盖原始产尘区，此时既保证了较高的降尘效率，又最大程度地减少所需的泡沫量。经计算得知，每月花销用于维持泡沫除尘系统所需泡沫除尘剂原液的费用仅为全矿原煤总产值的0.03132%，应用成本较低。

6.2 创新点

总体来说，本书的研究成果主要有以下三个创新点：

（1）通过实验得出了发泡剂分子碳链结构及发泡剂溶液剪切黏度对其发泡能力的影响规律，进而得出了一种以发泡剂分子碳链结构和发泡剂溶液剪切黏度为指标的发泡剂优选和改进依据。同时，采用实验方法得出了泡沫-粉尘颗粒最佳粒径耦合关系为 $D_{泡沫} \approx 15D_{粉尘}$，为提高泡沫除尘效率提供了依据。

（2）研发了一种新型矿用泡沫除尘剂，比目前使用的泡沫除尘剂的发泡能力和稳泡能力均有一定程度的提高，其润湿性能更加全面，并对其毒性进行了鉴定，保证其对人体的安全性。研发了一套包括网式发泡器和泡沫除尘剂添加装置在内的泡沫除尘系统，该发泡器解决了目前常用发泡器存在的产生泡沫细腻度较差且易阻塞的缺点。在此基础上，对其不同工作参数发泡效果进行了测定，为泡沫除尘技术现场应用提供了参考。

（3）采用数值模拟的方法对综掘机截割区域粉尘浓度区间进行了划分，在此基础上，通过实验的方法得出了覆盖不同区间所需的泡沫量及泡沫喷嘴的布置方式，并且结合现场应用得出了既能保证较大的降尘效率又能最大程度减少所需泡沫量的最佳泡沫覆盖范围，为泡沫除尘技术的应用提供了借鉴依据。

6.3 研究展望

本书研究得出的发泡剂发泡能力影响因素、泡沫除尘剂配方及泡沫除尘系统、泡沫-粉尘颗粒粒径耦合作用规律、泡沫最佳覆盖范围等成果可对矿井综掘工作面泡沫除尘技术起到积极的借鉴作用。但本书对泡沫降尘效率的研究工作只考虑了粒径这一因素，对影响泡沫降尘效率的其他因素进行进一步探讨和研究，从而提高泡沫降尘效率，是作者下一步的重点研究方向。

参 考 文 献

［1］国家安全生产监督管理总局. 全国煤矿企业安全事故统计与查询［EB/OL］. www. chinasafety. gov. cn, 2017.

［2］范维唐, 卢鉴章, 申宝宏, 等. 煤矿灾害防治的技术与对策［M］. 徐州: 中国矿业大学出版社, 2007.

［3］Wang H T, Wang, D M, Ren W X, et al. Application of foam to suppress rock dust in a large cross-section rock roadway driven with roadheader［J］. Advanced Powder Technology, 2013, 24 (1): 257-262.

［4］周刚, 程卫民, 王刚, 等. 综掘工作面封闭式除尘工艺［J］. 煤矿安全, 2009, 40 (3): 22-24.

［5］任万兴. 煤矿井下泡沫除尘理论与技术研究［D］. 江苏徐州: 中国矿业大学, 2009.

［6］Cheng W M, Nie W, Zhou G, et al. Research and practice on fluctuation water injection technology at low permeability coal seam［J］. Safety Science, 2012, 50 (4): 851-856.

［7］Van D B L, Van Z K, Marx W M, et al. Development and integration of ventilation simulation tools for colliery ventilation practice［J］. Journal of the Mine Ventilation Society of South Africa, 2011, 64 (1): 16-21.

［8］Toraño J, Torno S, Menéndez M, et al. Auxiliary ventilation in mining roadways driven with roadheaders: Validated CFD modelling of dust behaviour［J］. Tunnelling and Underground Space Technology, 2011, 26 (1): 201-210.

［9］周刚, 程卫民, 陈连军. 矿井粉尘控制关键理论及其技术工艺的研究与实践［M］. 北京: 煤炭工业出版社, 2011.

［10］Cheng Weimin, Wang Gang, Nie Wen, et al. Study and application of automatic spray system on blasting face in thin seam of Beisu coal mine［M］.//Progress in Safety Science and Technology: Vol Ⅶ, Beijing: Science Press/Science Press USA Inc. , 2008, 1582-1585.

［11］王德明, 王和堂, 张祎, 等. 一种用于降尘的复合型发泡剂及其制备方法: 中国, 201310338904. 0［P］. 2013. 10. 23.

［12］蒋仲安, 姜兰, 陈举师. 露天矿潜孔钻泡沫抑尘剂配方及试验研究［J］. 煤炭学报, 2014, 39 (5): 903-907.

［13］刘杰, 杨胜强, 王建波, 等. 泡沫除尘发泡剂的实验研究［J］. 煤矿安全, 2012, 43 (10): 18-20.

［14］王和堂, 王德明, 陈贵. 高性能降尘泡沫的制备及应用研究［J］. 中国矿业, 2012, 21 (7): 114-116.

［15］吴长庚, 李少冰, 朱宗君, 等. 一种煤矿用泡沫除尘剂: 中国, 201310609856. 4［P］. 2014. 03. 05.

［16］刘宝毅. 综掘面泡沫除尘发泡剂的复配及试验研究［D］. 焦作: 河南理工大

学，2014.

[17] 王群星. 掘进工作面泡沫除尘及关键技术研究 [D]. 太原：太原理工大学，2015.

[18] Ren W X, Wang D M, Guo Q, et al. Application of foam technology for dust control in underground coal mine [J]. International Journal of Mining Science and Technology，2014，24（1）：13-16.

[19] Ren W X, Wang D M, Kang Z H, et al. A new method for reducing the prevalence of pneumoconiosis among coal miners：Foam technology for dust control [J]. Journal of Occupational and Environmental Hygiene，2012，9（4）：77-83.

[20] Wang H T, Wang D M, Ren W X, et al. Application of foam to suppress rock dust in a large cross-section rock roadway driven with roadheader [J]. Advanced Powder Technology，2013，24（1）：257-262.

[21] 杨小波. 矿井中使用的发泡器及泡沫除尘设备：中国，201120107945. 5 [P]. 2011. 10. 26.

[22] 赵正均. 一种泡沫除尘装置：中国，201120087893. X [P]. 2011. 12. 07.

[23] 王德明，陆新晓，刘建安，等. 一种矿用多孔螺旋式泡沫发生装置：中国，201410056367. 5 [P]. 2014. 06. 18.

[24] 王德明，王和堂，王庆国，等. 煤矿降尘用自吸空气式旋流发泡装置：中国，201310054532. 9 [P]. 2013. 05. 08.

[25] 杨胜强，刘杰，杨相玉，等. 一种泡沫除尘系统：中国，201310032649. 7 [P]. 2013. 01. 29.

[26] 沈威. 射流汽化吸液装置在泡沫降尘技术中的应用研究 [D]. 徐州：中国矿业大学，2016.

[27] 刘涛. 矿用无动力液体自动添加装置关键技术研究 [J]. 煤矿机械，2013，34（8）：76-79.

[28] 龚小兵. 降尘剂无动力自动添加装置的试验研究 [J]. 矿业安全与环保，2011，38（4）：8-14.

[29] 龚小兵，郭胜均，李德文，等. 无动力液体自动添加装置：中国，201120000653. 1 [P]. 2011. 01. 04.

[30] 韩方伟. 弧扇泡沫射流高效除尘技术研究 [D]. 徐州：中国矿业大学，2014.

[31] 姜家兴. 矿用除尘泡沫高效抑尘喷射工艺研究 [D]. 徐州：中国矿业大学，2015.

[32] 赵世民. 表面活性剂——原理·合成·测定及应用 [M]. 北京：中国石化出版社，2005.

[33] 刘程，米裕民. 表面活性剂性质理论与应用 [M]. 北京：北京工业大学出版社，2003.

[34] 赵喆，王齐放. 表面活性剂临界胶束浓度测定方法的研究探讨 [J]. 实用药物与临床，2010，13（2）：140-144.

[35] 尹东霞，马沛生，夏淑倩. 液体表面张力测定方法的研究进展 [J]. 科技通报，2007，23（3）：424-433.

[36] 李爽，冯秀燕. NMR 方法在煤炭分析中的应用进展 [J]. 波谱学杂志，2013，30 (1)：148-155.

[37] 陈勇，朱黎明，李正全，等. 表面活性剂复配产品的核磁共振分析 [J]. 分析测试学报，2010，29 (11)：179-181.

[38] 周刚，程卫民，徐翠翠，等. 不同变质程度煤尘润湿性差异的 13C-NMR 特征解析 [J]. 煤炭学报，2015，40 (12)：2849-2855.

[39] Cao Xiaoyan, Chappell Mark A, Schimmelmann Arndt, et al. Chemical structure changes in kerogen from bituminous coal in response to dike intrusions as investigated by advanced solid-state13C NMR spectroscopy [J]. Advances in Organic Petrology, 2013, 108 (30)：53-64.

[40] 陈勇，朱黎明，李正全，等. 核磁共振法鉴定表面活性剂 [J]. 分析测试学报，2011，30 (7)：769-775.

[41] 孔二丽. 核磁共振在表面活性剂中的应用探讨 [D]. 西安：西安科技大学，2012.

[42] 王刚. 粘弹性无碱二元驱油体系提高采收率机理的研究 [D]. 大庆：大庆石油学院，2009.

[43] 姜海峰. 粘弹性聚合物驱提高驱油效率机理研究 [D]. 大庆：大庆石油学院，2008.

[44] 侯妍冰. 粘弹性对液体气流式雾化的影响 [D]. 上海：华东理工大学，2013.

[45] 曹宝格. 驱油用疏水缔合聚合物溶液的流变性及粘弹性实验研究 [D]. 成都：西南石油大学，2006.

[46] 罗辉. 沥青路面粘弹性响应分析及裂纹扩展研究 [D]. 武汉：华中科技大学，2007.

[47] 王刚，王德民，夏惠芬，等. 聚合物溶液的粘弹性对残余油膜的作用机理研究 [J]. 大庆石油学院学报，2007，28 (6)：25-29.

[48] Wang Wei, Gu Yongan. Experimental Studies of the Detection and Reuse of Produced Chemicals in Alkaline/Surfactant/Polymer Floods [J]. SPE, 2005, 8 (5)：362-371.

[49] 杨挺青，罗文，徐平. 黏弹性理论与应用 [M]. 北京：科学出版社，2004.

[50] 宋尧. 低渗高矿化度油藏泡沫驱油体系的研究 [D]. 成都：西南石油大学，2014.

[51] 周明，蒲万芬，王霞，等. 抗温抗盐泡沫复合驱油特性研究 [J]. 钻采工艺，2007，30 (2)：18-21.

[52] 张雷林. 防治煤自燃的凝胶泡沫及特性研究 [D]. 徐州：中国矿业大学，2014.

[53] 田兆君，王德明，徐永亮，等. 矿用防灭火凝胶泡沫的研究 [J]. 中国矿业大学学报，2010 (2)：169-172.

[54] 秦波涛，张雷林. 防治煤炭自燃的多相凝胶泡沫制备实验研究 [J]. 中南大学学报（自然科学版），2013，44 (11)：4652-4657.

[55] 占协琼. 一种发泡剂：中国，201210220882.3 [P]. 2012.11.14.

[56] 何秀娟，张卫东，李应成，等. 泡沫剂组合物及其用途：中国，201010260748.7 [P]. 2012.03.14.

[57] 何秀娟，张卫东，李应成，等. 用于高温高盐油藏的泡沫剂组合物：中国，

201010260751. 9 ［P］. 2012. 03. 14.

［58］ 李英, 孙焕泉, 李振泉, 等. 一种耐温抗盐低张力泡沫驱油剂及其制备方法：中国,
201010521953. 4 ［P］. 2011. 04. 20.

［59］ 沈之芹, 李应成, 何秀娟, 等. 含烷基苯酚聚氧乙烯醚苯磺酸盐的泡沫剂组合物及
用途：中国, 201110300293. 1 ［P］. 2013. 04. 10.

［60］ 王富华, 王瑞和, 张德文, 等. 一种用于油品的高温油基泡沫剂及其制备方法：中
国, 201110407304. 6 ［P］. 2012. 06. 27.

［61］ 任小明, 蒋涛, 吕俊霖, 等. 一种制备保水型泡沫混凝土用泡沫剂：中国,
201210171514. 4 ［P］. 2012. 09. 12.

［62］ 杨钱荣. 一种水泥复合泡沫剂及其制备方法和应用：中国, 201210410856. 7
［P］. 2013. 01. 30.

［63］ 赵雷, 杜星, 方伟, 等. 稳定的多层膜结构泡沫剂及其制备方法：中国,
201210416045. 8 ［P］. 2013. 02. 06.

［64］ 胡萍. 充填材料用泡沫剂：中国, 201310128820. 4 ［P］. 2014. 10. 15.

［65］ 吕洪彦, 高强, 魏先春, 等. 一种环保型泡沫剂及其制备方法：中国,
201410148708. 1 ［P］. 2014. 07. 30.

［66］ 吴永彬 蒋有伟. 一种稠油油藏人造泡沫油驱替开采方法：中国, 201410409039. 9
［P］. 2015. 01. 07.

［67］ 王伟, 田红娟. 水系灭火剂：中国, 200710120280. X ［P］. 2007. 08. 15.

［68］ 潘德顺, 马天元. 压缩空气泡沫灭火剂：中国, 200710020209. 4 ［P］. 2008. 09. 10.

［69］ 盛友杰, 赵传文, 陆守香. 低氟环保型水成膜泡沫灭火剂及其制备方法：中国,
201410412772. 6 ［P］. 2014. 08. 20.

［70］ 王鹏, 赵敏, 高扬. 具有固化水成膜效应的抗溶泡沫灭火剂及其制备方法：中国,
201410351155. X ［P］. 2014. 07. 23.

［71］ 潘来东, 何越. 灭火弹及投掷式灭火器专用水成膜泡沫灭火剂：中国,
201410352146. 2 ［P］. 2014. 10. 29.

［72］ 潘德顺, 徐友萍. 耐海水高倍数泡沫灭火剂：中国, 201410002935. 3 ［P］.
2014. 04. 02.

［73］ T. 莱昂哈特, G. 吕勒, C. 沙欣, 等. 适用于制备泡沫灭火剂的组合物：中国,
201080059983. 6 ［P］. 2012. 10. 03.

［74］ 高森克, 李平. 一种用于煤矿井下的复合体泡沫灭火剂：中国, 201210066191. 2
［P］. 2012. 08. 01.

［75］ Anthony S. M. George. Foaming Agent：United States, US2011/0297048A1 ［P］. 2011. 12. 08.

［76］ Anthony S. M. George. Foaming Agent：United States, US8771414B2 ［P］. 2014. 07. 08.

［77］ David R. Hall, Logan Gillette, Shaun Austin Heldt. Foam Configured to Suppress Dust on A
Surface to Be Worked：United States, US8267482B1 ［P］. 2012. 12. 18.

［78］ Nicolas Robinet, Chantal Smett. Fire Fighting Foam Composition：United States, US2014/

0138104 A1［P］. 2014. 05. 22.

［79］ David John Mulligan, Nigel Frank Joslin. Fire Fighting Foaming Composition：United States, US2010/0276625 A1［P］. 2010. 11. 04.

［80］ 李明梁. 一种泡沫混凝土发泡剂：中国, 201410573631. 2［P］. 2015. 03. 04.

［81］ 季锡贤, 张恒春, 邹开波, 等. 一种早强型复合混凝土发泡剂及其制备方法：中国, 201410379164. X［P］. 2014. 12. 03.

［82］ 陈乘鑫, 高庆强, 郑敏升, 等. 一种泡沫混凝土发泡剂及其制备方法：中国, 201410031879. 6［P］. 2014. 05. 14.

［83］ 李泽清. 泡沫混凝土发泡剂：中国, 201210306542. 2［P］. 2014. 03. 12.

［84］ 王文林. 新型混凝土发泡剂及其生产工艺：中国, 201310470815. 1［P］. 2014. 02. 26.

［85］ 唐世民, 耿飞, 李浩然, 等. 一种离子型泡沫混凝土发泡剂及其制备方法：中国, 201310405826. 1［P］. 2013. 12. 25.

［86］ 王本明, 柯勇, 艾勇, 等. 泡沫混凝土发泡剂：中国, 201210416087. 1［P］. 2013. 03. 13.

［87］ 刘斌, 姚义俊, 沈国柱, 等. 复合型泡沫混凝土发泡剂及其制备方法：中国, 201210109968. 9［P］. 2012. 08. 15.

［88］ 闫建荣, 杨亚玲, 赵红芳. NaCl 对阴离子/非离子复配表面活性剂的性能影响［J］. 云南化工, 2008, 35（2）：4-6.

［89］ 戈文德莱姆 C B, 张健. 表面活性剂复配体系的分析［J］. 日用化学品科学, 2002, 25（3）：34-37.

［90］ Scamehorn J F. An overview of phenomena involving surfactant mixtures［J］. American Chemical Society Symposium Series, 1986, 311：1-23.

［91］ Porter M R. Recent Development in Analysis of Surfactants［M］. New York：Elsevier Science Publishers LTD, 1991.

［92］ Tsubone K. The interaction of an anionic gemini surfactant with conventional anionic surfactants［J］. Journal of Colloid and Interface Science, 2003, 261（2）：524-528.

［93］ Rosen M J, Sulthana S B. The interaction of alkylglycosides with other surfactants［J］. Journal of Colloid and Interface Science, 2001, 239（2）：528-534.

［94］ Bergstrom M, Eriksson J C. A theoretical analysis of synergistic effects in mixed surfactant systems［J］. Langmuir, 2000, 16（18）：7173-7181.

［95］ 丁慧君. 正、负离子表面活性剂与非离子表面活性剂混合水溶液的相互作用［J］. 高等学校化学学报, 1991,（2）：222-226.

［96］ 张雪勤, 蔡怡, 杨亚江. 两性离子/阴离子表面活性剂复配体系协同作用的研究［J］. 胶体与聚合物, 2002, 20（3）：1-4.

［97］ HUO Q, Margolese D I, Ciesla U, et al. Generalized synthesis of periodic surfactant/inorganic composite materials［J］. Nature, 1994, 368：317.（3）：37-39.

［98］ 李作锋, 潭惠民. 表面活性剂混合体系的起泡性和泡沫稳定性［J］. 油气田地面工程, 2003, 22（4）：13-14.

[99] 李云雁, 胡传荣. 试验设计与数据处理 [M]. 北京: 化学工业出版社, 2008.

[100] GB475—83 商品煤样采取方法: 国家标准局, 1983. 06. 15.

[101] 沈永铜, 贾勇, 马中飞. 聚丙烯酰胺复配物提高微细粉尘湿润效果的试验 [J]. 能源环境保护, 2007, 21 (2): 12-14.

[102] 杨静, 谭允祯, 王振华, 等. 煤尘表面特性及润湿机理的研究 [J]. 煤炭学报, 2007, 32 (7): 737-740.

[103] 傅贵. 煤体预湿机理与注水防尘技术研究 [D]. 北京: 中国矿业大学, 1996.

[104] 秦凤华, 傅贵. 表面活性剂水溶液降尘机理的研究 [J]. 煤, 1997, 6 (3): 31-34.

[105] 吴桂香. 极性基湿润剂与矿岩类粉尘颗粒的作用机理 [J]. 工业安全与环保, 2005, 31 (6): 1-4.

[106] Kosaric N. Biosurfactants Production, Propertises [M]. New York: Marcel Dekker. Inc, 1993.

[107] 李文安. 绿色表面活性剂的应用及研究进展 [J]. 安徽农业科学, 2007, 35 (19): 5691-5692.

[108] Aly M A, Srorr T. Biodegradation of anionic surfactants in the presence of organic contaminants [J]. Wat Res, 1998, 32 (3): 944-947.

[109] 吴超, 左治兴, 欧家才, 等. 不同实验装置测定粉尘湿润剂的湿润效果相关性 [J]. 中国有色金属学报, 2005, 15 (10): 1612-1617.

[110] 葛金翠, 陈金祥, 宋军超, 等. 新型发泡机工艺参数的优化研究 [J]. 机械设计与制造, 2015 (04): 233~236.

[111] 周刚. 综放工作面喷雾降尘理论及工艺技术研究 [D]. 青岛: 山东科技大学, 2009.

[112] 聂文. 综掘工作面封闭式除尘系统的研究与应用 [D]. 青岛: 山东科技大学, 2013.

[113] 何金钢, 王德民, 宋考平, 等. 发泡多孔介质对泡沫粒径的影响 [J]. 中国石油大学学报 (自然科学版), 2015, 39 (5): 173-182.

[114] 侯健, 李振泉, 杜庆军. 多孔介质中流动泡沫结构图像的实时采集与定量描述 [J]. 石油学报, 2012, 33 (4): 658-662.

[115] 周明, 蒲万芬, 赵金洲, 等. 抗温抗盐泡沫驱泡沫形貌研究 [J]. 钻采工艺, 2007, 30 (5): 119-130.

[116] 耿向飞, 胡星琪, 吉永忠, 等. 可循环微泡沫钻井液的微泡粒径影响因素研究 [J]. 油田化学, 2013, 30 (4): 505-508.

[117] 史胜龙, 王业飞, 周代余, 等. 微泡沫体系直径影响因素及微观稳定性 [J]. 东北石油大学学报, 2016, 40 (1): 103-111.

[118] You H, Yu M G, Zheng L G, et al. Study on suppression of the coal dust/methane/air mixture explosion in experimental tube by water mist [C]. 1st International Symposium on Mine Safety Science and Engineering, Procedia Engineering, 2011, 26: 803-810.

[119] Szydlo A, Mackiewicz P. Asphalt mixes deformation sensitivity to change in rheological parameters [J]. Journal of Materials in Civil Engineering, 2005, (2): 1-9.

[120] Cheng W M, Nie W, Qi Y D, et al. Research on diffusion rule of dust pollution in coal mine whole-rock fully mechanized workface [J]. Journal of Convergence Information Technology, 2012, 7 (22): 728-736.

[121] 赵晶. 高速列车通过隧道时气动影响研究 [D]. 成都: 西南交通大学, 2010.

[122] Zeng Z X, Pan Y, Zhou L X. Gas turbulence modulation model for gas-solid flows in two-fluid approach [J]. Journal of Shanghai Jiaotong University (Science), 2010, 15 (4): 428-433.

[123] 龙飞飞. 水流作用下含裂纹悬空管道数值分析 [D]. 大庆: 大庆石油学院, 2008.

[124] Tenneti S, Sun B, Garg R, et al. Role of fluid heating in dense gas-solid flow as revealed by particle-resolved direct numerical simulation [J]. International Journal of Heat and Mass Transfer, 2013, 58 (1-2): 471-479.

[125] 姜健. 掘进工作面截割粉尘及其影响因素的研究 [D]. 阜新: 辽宁工程技术大学, 2000.

[126] Spalding D B. Mathematical Models of Continuous Combustion [M]. New York: Plenum Press, 1986.

[127] Herzog N, Schreiber M, Egbers C, et al. A comparative study of different CFD-codes for numerical simulation of gas-solid fluidized bed hydrodynamics [J]. Computers and Chemical Engineering, 2012, 39-46.

[128] Ungarish M. Two-fluid analysis of centrifugal separation in a finite cylinder [J]. International Journal of Multiphase Flow, 1988, 14: 233-243.

[129] Lanza A, Islam M A, Lasa H. Particle clusters and drag coefficients in gas-solid downer units [J]. Chemical Engineering Journal, 2012, 200-202: 439-451.

[130] 张力. 旋转气固多相流分离的数值分析及实验研究 [D]. 重庆: 重庆大学, 2001.

[131] Adrian R J, Yao C S. Power spectra of fluid velocities measured by laser doppler velocimetry [J]. Expts. Fluids, 1987, 5: 17-28.

[132] Oesterle B, Petitjean A. Simulation of particle-to-particle interactions in gas-solid flows [J]. International Journal of Multiphase Flow, 1993, 19 (1): 199-211.

[133] Rogers C B, Eaton J K. The behavior of solid particles in a vertical turbulent boundary layer in air [J]. International Journal of Multiphase Flow, 1990, 18 (5): 819-834.

[134] Garzó V, Tenneti S, Subramaniam S, et al. Enskog kinetic theory for monodisperse gas-solid flows [J]. Journal of Fluid Mechanics, 2012, 712: 129-168.

[135] Nie W, Cheng W M. Regularity of dust distributing in fully mechanized caving face and negative pressure spray dust-settling technology [J]. Applied Mechanics and Materials, 2012, 246-247: 624-628.

[136] Cheng C P. Modelling of confined turbulent fluid-particle flows using eulerian and lagrangian

schemes [J]. Int J Heat and Mass Transfer, 1990, 33: 691-701.

[137] 闫红杰. 铝酸钠溶液晶种分解过程中多相流动的数值模拟研究 [D]. 长沙: 中南大学, 2005.

[138] 张健, 周力行. 气固两相流中颗粒轨道运动方程的一组解析解 [J]. 燃烧科学与技术, 2000, 6 (3): 226-229.

[139] Tenneti S. Garg R, Subramaniam S. Drag law for monodisperse gas-solid systems using particle-resolved direct numerical simulation of flow past fixed assemblies of spheres [J]. International Journal of Multiphase Flow, 2011, 37 (9): 1072-1092.

[140] 王海桥, 施式亮, 刘荣华, 等. 独头巷道射流通风流场 CFD 模拟研究 [J]. 中国安全科学学报, 2003, 13 (1): 68-71.

[141] 程卫民, 聂文, 姚玉静, 等. 综掘工作面旋流气幕抽吸控尘流场的数值模拟 [J]. 煤炭学报, 2011, 36 (8): 1342-1348.

[142] Serafin J, Bebcak A, Bernatik A, et al. The influence of air flow on maximum explosion characteristics of dust-air mixtures [J]. Journal of Loss Prevention in the Process Industries, 2013, 26 (1): 209-214.

[143] Csavina J, Field J, Taylor M P, et al. A review on the importance of metals and metalloids in atmospheric dust and aerosol from mining operations [J]. Science of the Total Environment, 2012, 433: 58-73.

[144] 秦跃平, 张苗苗, 崔丽洁, 等. 综掘工作面粉尘运移的数值模拟及压风分流降尘方式研究 [J]. 北京科技大学学报, 2011, 33 (7): 790-794.

[145] Nie W, Cheng W M, Zhou G. The numerical simulation on the regularity of dust dispersion in whole-rock mechanized excavation face with different air-draft amount [C]. The First International Symposium on Mine Safety Science and Engineering, Online Publication of Procedia Engineering, 2011, volume B: 1076-1086.

[146] Zeng Z X, Pan Y, Zhou L X. CoMParison of gas particle flow prediction from large eddy simulation and Reynolds-averaging Navier-Stokes modeling [J]. Journal of Shanghai Jiaotong University (Science), 2010, 15 (5): 622-625.

[147] 陈彩云. 基于风幕技术的综掘面粉尘防治研究 [D]. 阜新: 辽宁工程技术大学, 2008.

[148] 王宽, 周福宝, 刘应科, 等. 柔性附壁风筒辅助降尘技术在葛泉煤矿的应用 [J]. 煤炭安全, 2011, 42 (11): 72-74.

[149] 黄金星, 曲宝. 涡流控尘为主的机掘面长压短抽除尘系统优化设计 [J]. 煤炭工程, 2012, (8): 125-127.

[150] 李雨成. 基于风幕技术的综掘面粉尘防治研究 [D]. 阜新: 辽宁工程技术大学, 2010.

[151] 王福军. 计算流体动力学分析——CFD 软件原理与应用 [M]. 北京: 清华大学出版社, 2004.

[152] 韩占忠，王 敬，兰小平. FLUENT 流体工程仿真计算实例与应用 [M]. 北京：北京理工大学出版社，2004.

[153] 聂文，程卫民，周刚，等. 掘进面喷雾雾化粒度受风流扰动影响实验研究 [J]. 中国矿业大学学报，2012，41（3）：378-383.

[154] 金龙哲. 煤层注水及粉尘检测技术的研究与应用 [D]. 北京：北京科技大学博士后研究工作报告，1999.

[155] 煤炭科学研究总院重庆分院，中国煤炭工业协会. 中华人民共和国安全生产行业标准-煤矿井下粉尘综合防治技术规范（AQ 1020—2006）[S]. 国家安全生产监督管理总局，2006.

[156] 中国安全生产科学研究院. 中华人民共和国安全生产行业标准——作业场所空气中呼吸性煤尘接触浓度管理标准（AQ4202—2008）[S]. 国家安全生产监督管理总局，2008.

[157] 中国预防医学科学院卫生研究所，冶金工业部安全技术研究所. 中华人民共和国国家标准-作业场所空气中粉尘测定方法（GB 5748—85）[S]. 中华人民共和国卫生部，1986.

[158] 煤炭科学研究总院重庆分院. 中华人民共和国煤炭行业标准——粉尘浓度和分散度测定方法（MT 79—84）[S]. 中华人民共和国煤炭工业部，1985.

[159] 煤炭科学研究总院重庆分院，煤炭工业部科教司. 中华人民共和国煤炭行业标准-矿用泡沫除尘剂性能测定方法（MT/T 764—1997）[S]. 中华人民共和国煤炭工业部，1997.